6학년
1학기

다락원

이 책에 도움을 주신 분들
심의 위원 (*가나다 順)

하마랑 과학독해 6학년 1학기

지은이 김효숙, 박현주, 이수진, 정혜정, 송연수, 신지선
펴낸이 정규도
펴낸곳 (주)다락원

초판 1쇄 발행 2025년 2월 10일

편집 이후춘, 한채윤, 전수민

디자인 최예원, 박정현
일러스트 홍선경

다락원 경기도 파주시 문발로 211
내용문의 : (02)736-2031 내선 291~296
구입문의 : (02)736-2031 내선 250~252
Fax : (02)732-2037
출판등록 1977년 9월 16일 제406-2008-000007호

ISBN 978-89-277-7458-7 74400
978-89-277-7459-4 (세트)

머리말

아이들이 공부를 잘하려면 무엇이 필요할까요? 바로 '문해력'입니다. 문해력은 단순히 글을 읽는 것이 아니라, 글의 의미를 이해하고, 핵심을 정리하며, 생각의 폭을 넓혀 글로 표현할 수 있는 능력입니다.

자기 학년 수준의 교과서를 정확히 읽고 배우는 과정은 아이들의 학습 능력 발달에 매우 중요합니다. 이 능력을 초등학교 시절에 잘 키워두면, 앞으로 배우는 모든 공부에서 큰 자신감과 실력을 발휘할 수 있습니다.

〈하마랑 과학 독해〉는 아이들의 문해력을 키워 줄 아주 특별한 책입니다. 과학 교과서의 내용을 재미있고 알기 쉽게 풀어내어 과학의 세계를 탐험하고 새로운 지식을 배우는 데 도움을 줄 것입니다. 또한, 다양한 학습 활동과 문제들이 준비되어 있어 아이들이 글을 읽고 이해하는 능력을 차근차근 쌓을 수 있도록 도와줍니다.

이 책은 세 가지 단계를 통해 아이들의 문해력을 키워 줍니다.

1단계: 배경지식을 활용해 글의 내용을 예측하고, 필요한 어휘와 개념을 익힙니다.

2단계: 글의 중심 내용을 파악하고, 글의 구조를 이해하며 말로 설명할 수 있습니다.

3단계: 배운 내용을 실생활에 적용하고, 스스로 글을 써 보며 표현하는 힘을 기릅니다.

단계별 학습 과정을 완성하면 읽기 능력뿐만 아니라 생각하는 힘과 표현력까지 키울 수 있습니다.

아이들이 이 책과 함께 과학의 세계를 즐겁게 탐험하며, 새로운 지식을 발견하고, 독해력도 쑥쑥 자라길 기대합니다. 〈하마랑 과학 독해〉가 아이들의 멋진 탐험을 항상 응원할 것입니다.

저자 일동

이 책의 구성

1 생각 열기

❶ 글이 궁금해져요

글을 읽기 전에 내용을 예측하면 더 재미있고 흥미로워져요.

❷ 집중해서 읽게 돼요

예측한 내용을 확인하려고 집중해서 읽으면, 잘 이해하고 기억할 수 있어요.

❸ 내 생각이 쑥쑥 자라요

예측을 통해 내 생각을 말하고, 글을 읽으면서 그 생각이 맞는지 확인하면 생각하는 힘이 커져요.

학습 방법

지시문을 읽고 알고 있는 지식을 바탕으로 답하거나, 자유롭게 상상해서 답해 보세요. 그 이유도 함께 생각해 보고 써 주세요.

2 어휘 뜻 짐작하기

❶ 추론 능력이 향상돼요

단어의 뜻을 짐작하는 과정에서 생각하는 힘이 좋아져요.

❷ 자신감이 높아져요

짐작한 의미가 맞으면 자신감이 생기고, 다음에 모르는 단어를 만났을 때 도전해 볼 수 있어요.

학습 방법

① 글을 한 번 쭉 읽어 보기

↓

② 모르는 단어에 모두 네모 표시하기

↓

③ 모르는 단어 중 5개를 선택하기

↓

④ 앞뒤 문장을 읽고 문맥에서 단어의 의미를 짐작한 후, 오른쪽 메모 칸과 선으로 연결하고 써 보기

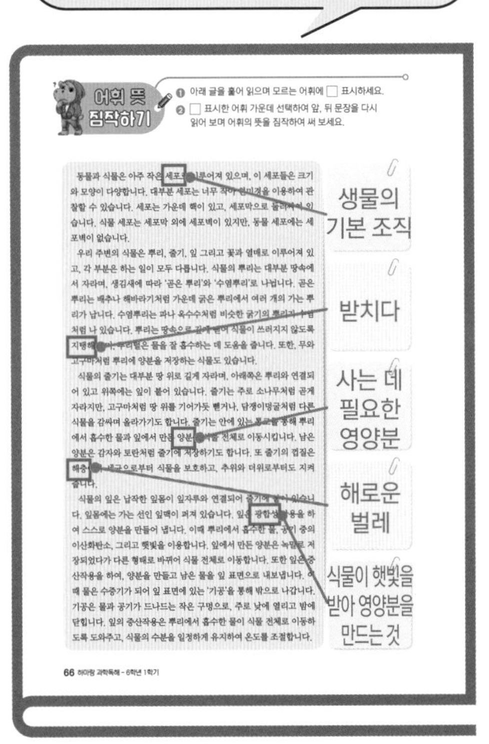

3 어휘력이 쏙쏙

❶ 글을 잘 이해해요
모르는 단어의 뜻을 알면 글의 내용을 잘 이해할 수 있어요.

❷ 새로운 단어를 배워요
새로운 단어를 찾아보면 내가 아는 어휘가 늘어나고,
다양한 표현을 사용할 수 있어요.

❸ 읽기 능력이 향상돼요
모르는 단어의 뜻을 찾고 이해하면 읽기 실력이
좋아져요.

학습 방법

① 말풍선에 짐작한 단어의 뜻을 부록의 '어휘 사전'에서 찾아보고 비교하기
↓
② 단어의 의미를 잘 이해한 후, 내 말로 그 뜻을 정리해서 써 보기

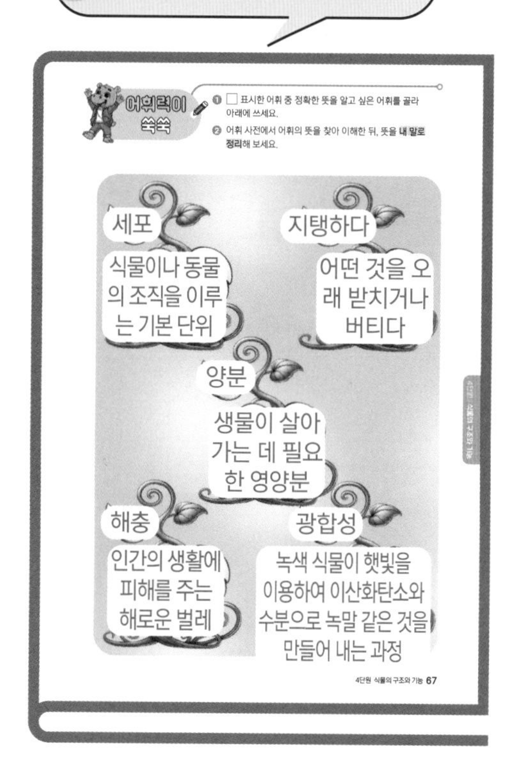

4 내용이 쏙쏙

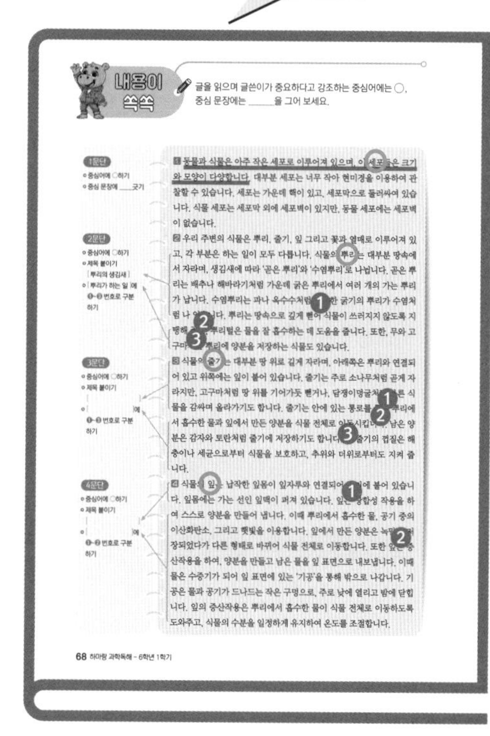

❶ 중심 내용을 생각하며 읽는 습관이 생겨요
글을 읽으면서 '이 글은 무엇에 대해 말하고 있지?'라고
생각하며 읽는 습관이 생겨요.

❷ 글의 핵심을 쉽게 파악해요
글의 중요한 부분을 간단하게 정리하면 쉽게 핵심을 찾고
이해할 수 있어요.

❸ 정보를 잘 기억해요
중요한 정보를 빠르게 찾고, 내용을 잘 기억할 수 있어요.

학습 방법

① 지문을 읽으면서 각 문단의 중심어와 중심 내용을 찾아보기
② 중심어에는 ○, 중심 문장에는 ______을 긋기
③ 중심 문장을 만들어야 할 경우, 먼저 중심어를 찾고 문단의 전체 내용을 포함하는 중심 문장을 만들기
[내용이 쏙쏙 독해 방법 1,2] 참조

5 그래픽 조직자

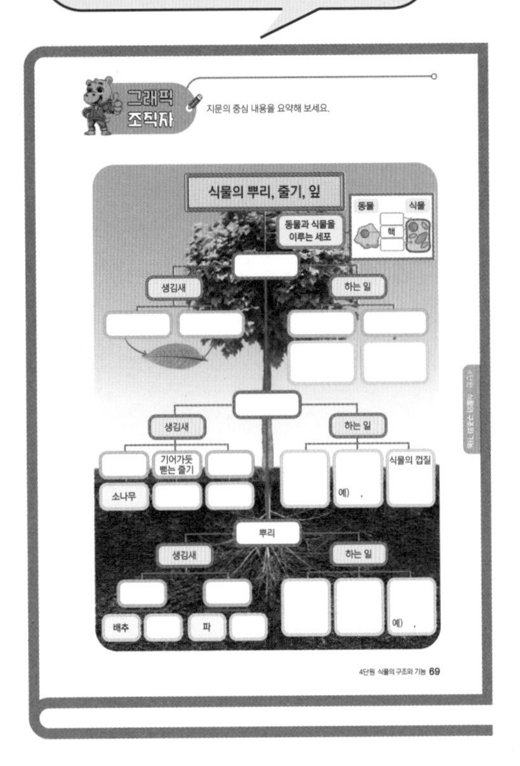

❶ 주요 정보 정리를 잘해요

배우는 내용을 정리하면 한눈에 보기 쉽고, 정보들끼리의 연관성을 쉽게 알 수 있어요.

❷ 이해와 기억이 잘 돼요

글로만 되어 있는 정보를 그림이나 도표를 사용하면 내용을 잘 이해하고 기억할 수 있어요.

학습 방법

① 각 문단에 표시한 중심어, 중심 내용, 세부 내용을 도형, 표, 이미지 등을 사용해서 시각화해 보기
② 중요한 개념의 관계를 생각하며 정리하기
③ 그래픽 조직자를 그릴 때는 빈칸을 메우듯이 하지 말고, 왜 이렇게 구조를 만들었는지 이해하기
④ 그 다음에는 책의 그래픽 조직자를 보지 않고, 스스로 그래픽 조직자를 만들어서 그려 보는 연습하기

6 말하는 공부

❶ 정확하게 이해할 수 있어요

내가 배운 내용을 다른 사람에게 설명하면 내가 아는 것과 모르는 것이 무엇인지 알 수 있어요.

❷ 기억이 잘 나요

소리 내서 말하면 기억이 더 잘 나고, 공부한 내용이 머리에 잘 남아요.

학습 방법

[논리적으로 설명하는 단계별 연습]

말로 설명하기는 혼자서 책상 앞에 인형을 놓고 할 수도 있고, 친구들이나 부모님 앞에서 다양한 방법으로 해 보세요. 이때, 카메라로 설명하는 모습을 찍어 보는 것도 좋아요.

1단계 : 그래픽 조직자에 정리한 내용을 보고 차례대로 설명해 보기
2단계 : 중심어만 보고 나머지 내용은 빈칸 상태에서 기억하면서 말해 보기
3단계 : 전체 빈칸만 보면서 내용을 기억하고 설명해 보기

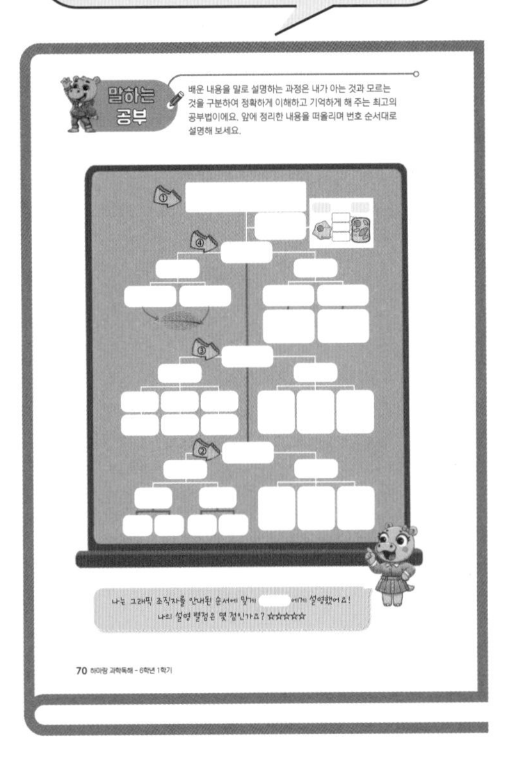

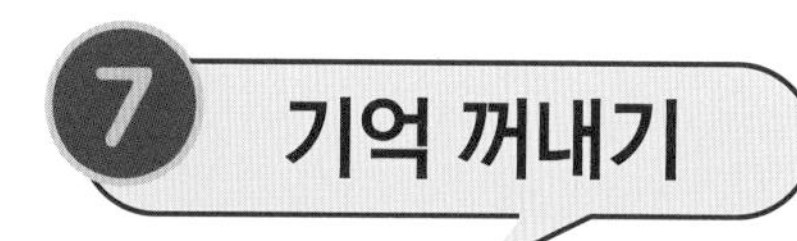

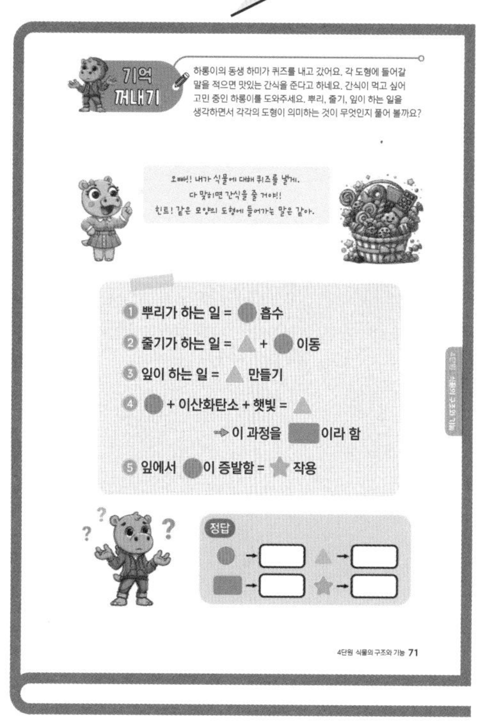

❶ 복습으로 실력이 높아져요

다시 생각해 보면서 배운 내용을 잘 기억할 수 있어요.

❷ 공부가 재미있어요

배운 내용을 잘 기억하면 자신감이 생기고, 시험이나 발표 때 도움이 돼요.

❸ 문제 해결력이 좋아져요

배운 내용을 문제에 적용하며 해결할 수 있어요.

학습한 내용을 떠올려 실제 상황에 적용하여 문제를 해결하며 기억하기

8 어휘 놀이터

❶ 재미있게 배워요

게임을 하면서 배우면 재미있고 흥미로워요.

❷ 기억하기 쉽게 익혀요

게임을 통해 단어를 자주 사용하면 잘 기억할 수 있어요.

❸ 어휘력이 향상돼요

반복을 많이 할수록 어휘력이 늘어요.

다양한 어휘 게임을 통해 기억한 어휘를 반복적으로 떠올리며 어휘력을 기르기

9 스스로 생각하기

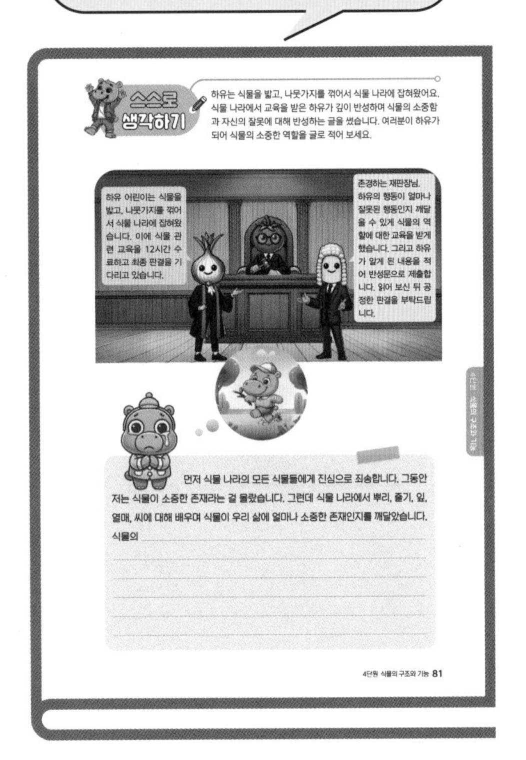
스스로 생각하기

하유는 식물을 밟고, 나뭇가지를 꺾어서 식물 나라에 잡혀왔어요. 식물 나라에서 교육을 받은 하유가 깊이 반성하며 식물의 소중함과 자신의 잘못에 대해 반성하는 글을 썼습니다. 여러분이 하유가 되어 식물의 소중한 역할을 글로 적어 보세요.

먼저 식물 나라의 모든 식물들에게 진심으로 죄송합니다. 그동안 저는 식물이 소중한 존재라는 걸 몰랐습니다. 그런데 식물 나라에서 뿌리, 줄기, 잎, 열매, 씨에 대해 배우며 식물이 우리 삶에 얼마나 소중한 존재인지를 깨달았습니다.

식물의

4단원 식물의 구조와 기능 81

① 메타인지가 좋아져요

배운 내용을 다시 생각하면서 내가 잘 이해했는지 확인할 수 있어요.

② 배운 내용을 복습해요

내용을 떠올려서 글로 쓰면 잘 기억할 수 있어요.

③ 표현 능력이 풍부해져요

생각한 내용을 정리해서 쓰면 내 생각을 잘 표현할 수 있어요.

새롭게 배운 내용과 알고 있는 내용을 논리적인 글쓰기로 마무리하기

10 어휘 사전

① 새로운 단어를 배울 수 있어요

단원마다 모르는 단어를 쉽게 찾아 익힐 수 있어요.

단원별로 모르는 단어를 찾아서 읽어 본 후, 이해한 내용을 내 표현으로 다시 정리하는 연습하기

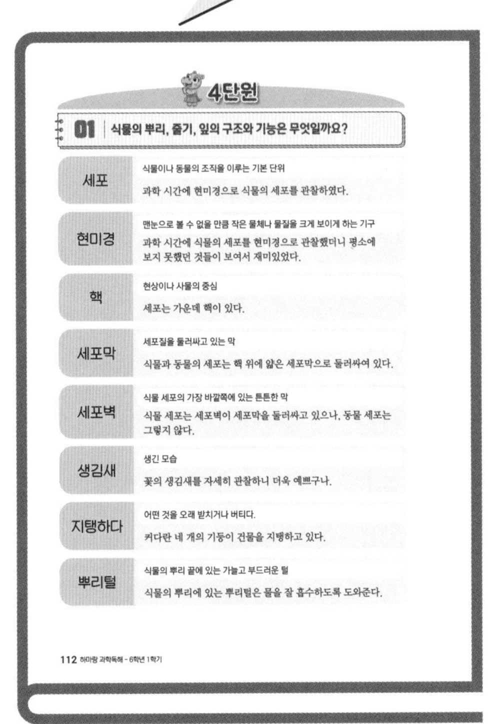
4단원

01 | 식물의 뿌리, 줄기, 잎의 구조와 기능은 무엇일까요?

단어	뜻 / 예문
세포	식물이나 동물의 조직을 이루는 기본 단위 과학 시간에 현미경으로 식물의 세포를 관찰하였다.
현미경	맨눈으로 볼 수 없을 만큼 작은 물체나 물질을 크게 보이게 하는 기구 과학 시간에 식물의 세포를 현미경으로 관찰했더니 평소에 보지 못했던 것들이 보여서 재미있었다.
핵	현상이나 사물의 중심 세포는 가운데 핵이 있다.
세포막	세포질을 둘러싸고 있는 막 식물과 동물의 세포는 핵 위에 얇은 세포막으로 둘러싸여 있다.
세포벽	식물 세포의 가장 바깥쪽에 있는 튼튼한 막 식물 세포는 세포벽이 세포막을 둘러싸고 있으나, 동물 세포는 그렇지 않다.
생김새	생긴 모습 꽃의 생김새를 자세히 관찰하니 더욱 예쁘구나.
지탱하다	어떤 것을 오래 받치거나 버티다. 커다란 네 개의 기둥이 건물을 지탱하고 있다.
뿌리털	식물의 뿌리 끝에 있는 가늘고 부드러운 털 식물의 뿌리에 있는 뿌리털은 물을 잘 흡수하도록 도와준다.

112 하마랑 과학독해 - 6학년 1학기

목차

1
단원

내용이 쏙쏙 독해 방법

미션1 중심어를 찾아라!

미션2 중심 문장을 찾아라!

미션3 세부 내용을 파악하라!

미션1 중심어를 찾아라!

중심어란? 글에서 가장 중요한 것을 나타내는 핵심 낱말입니다. 이 책에서는 **둘 이상의 낱말로 이루어진 '어구'도 '중심어'로 표현**했습니다.

중심어 찾는 방법! (중심어 : ○ 표시)

1 중심어는 글에서 가장 많이 나오는 낱말이에요.

연습 문제 1 이 글의 중심어는 무엇일까요?

> 눈물은 화가 나거나 슬플 때 기분이 나아지게 해 줘요. 화가 날 때는 나도 모르게 얼굴이 빨개지고 눈물이 나와요. 친한 친구와 헤어져야 할 때나 할머니가 돌아가셨을 때도 너무 슬퍼서 눈물이 나오지요. 이럴 때 눈물을 흘리고 나면 슬픈 기분이 한결 나아져요.

➡ 가장 많이 반복되어 나오는 낱말은 □□입니다.
그러므로 이 글의 중심어는 '□□'입니다.

2 중심어는 '무엇이 어찌하다/어떠하다'에서 '무엇이'에 해당하는 낱말이에요.

연습 문제 2 이 글의 중심어는 무엇일까요?

> 눈물은 눈을 보호해 줘요. 나쁜 세균이 눈에 들어오면 눈물이 흘러나와 세균을 내보내요. 먼지나 다른 물질이 눈에 들어와도 걸러내는 일을 하지요. 놀이터에서 놀다가 모래나 먼지가 눈에 들어가면 눈물이 재빨리 흘러나와 모래와 먼지를 밀어내요.

➡ '무엇이 어찌하다'에서 '무엇이'는 □□이고,
'어찌하다'는 '눈을 보호해 줘요'이다. 그러므로 이 글의 중심어는 '□□'입니다.

정답 1 눈물 2 눈물

3 중심어는 두 개 이상의 낱말로 이루어질 수 있어요.

중심어는 하나의 낱말인 경우도 있지만, 두 개 이상의 낱말로 이루어진 경우도 있어요.

1) 중심어가 하나의 낱말로 이루어진 경우

연습 문제 1 이 글의 중심어는 무엇일까요?

> 조랑말은 오랫동안 사람을 도와주었어요. 농장이나 광산에서는 무거운 물건을 실어 날랐지요. 울퉁불퉁한 시골길에서는 사람을 태우고 다녔지요.

➡ 이 글은 인간을 오랫동안 도와준 □□□에 대한 내용입니다.
그러므로 중심어는 '□□□'입니다.

2) 중심어가 두 개 이상의 낱말로 이루어진 경우

연습 문제 2 이 글의 중심어는 무엇일까요?

> 식물이 씨를 멀리 퍼뜨리는 방법은 다양합니다. 단풍나무와 민들레처럼 바람에 날려 퍼지기도 하고, 도꼬마리처럼 동물의 털에 붙어서 씨가 퍼지기도 합니다. 연꽃의 씨는 물 위에 떨어져 물살을 따라 이동하며 퍼집니다. 또한 강낭콩처럼 열매가 터져서 씨가 퍼지기도 하며, 사과나 머루처럼 맛있는 열매는 동물이 먹은 후 배설하여 씨가 퍼집니다.

➡ 이 글은 식물이 □를 □□□□ □□에 대한 내용입니다.
그러므로 중심어는 '식물이 □를 □□□□ □□'입니다.

정답 1 조랑말 2 씨, 퍼뜨리는 방법

4 중심어는 '포함하는 말'로 표현할 수 있어요

연습 문제 1 이 글의 중심어는 무엇일까요?

> 피자, 햄버거, 닭튀김, 라면, 냉동 감자튀김은 소금과 설탕이 많이 들어 있어 건강에 안 좋을 수 있어요. 이런 음식을 많이 먹으면 살이 찌거나 병이 생길 위험이 높아질 수 있답니다. 또, 필요한 영양소가 부족해져서 피곤해질 수도 있어요.

➡ 이 글은 '피자, 햄버거, 닭튀김, 라면, 냉동 감자튀김이 건강에 해롭다'는 내용입니다.
'무엇이 어떠하다'에서 **무엇은** '피자, 햄버거, 닭튀김, 라면, 냉동 감자튀김'입니다.
이 낱말들을 포함하는 말로 바꾸면 □□□□ □□입니다.
그러므로 중심어는 '□□□□ □□'입니다.

정답 1 인스턴트 식품

미션2 중심 문장을 찾아라!

글을 읽고 중심 내용을 잘 찾는다는 것은 책을 잘 이해하며 읽는다는 뜻이에요.

◉ 중심 문장이란?

글 전체의 내용을 포함하면서도 가장 중요하고 핵심이 되는 정보를 말합니다. 중심 문장은 글을 읽으면서 가장 핵심이 되는 중심어를 먼저 찾고 나머지 내용을 연결하여 요약 정리하는 과정을 통해 만들 수 있습니다.

중심 문장 찾는 방법!

1 문장에서 중심 내용을 찾아요.

① 문단에서 중심어를 포함하는 문장을 선택하여 밑줄 긋기

↓

② 꾸며주거나 반복되는 부분 지우기

↓

③ 의미가 통하게 중심 문장 만들기

연습 문제 1 아래 문장을 중심 문장으로 만들어 볼까요? 문장 ㉠에서 남기고 싶은 말에는 괄호에 '○', 덜 중요해서 지우고 싶은 것에는 '×' 표시하세요. 그리고 '○' 표시한 낱말로 중심 문장을 만들어 보세요.

㉠ 늑대의 후각은 인간의 후각보다 100배 더 발달했어요.
( ) ( ) ( ) ( ) ( ) ( ) ( )

➡ 이 글의 중심 문장을 만들어 볼까요?

중심어는 '누가(무엇이)'이며 이 문장에서 중심어는 '□□의 □□'입니다.

중심 문장은 '×' 표시한 내용을 뺀 뒤 의미가 통하게 문장을 정리합니다.

그러므로 이 글의 중심 문장은 '____________________.' 입니다.

정답 1 ○○○×××○ / 늑대, 후각
늑대의 후각은 인간보다 발달했다.

2 문단에서 중심 문장을 찾아요.

[중심 내용(중심 문장)이 잘 드러난 문단]

먼저, 문단의 중심 문장을 찾아요. 중심 문장은 글에서 가장 중요한 내용이에요. 그리고 그 중심 문장을 설명해 주는 뒷받침 문장이 있어요. 이렇게 중심 문장과 뒷받침 문장을 구분한 후, 중심 문장을 중심으로 내용을 간단히 정리해요.

여기서 잠깐!

중심 문장은 문단에서 여러 곳에 있을 수 있어요. 그래서 문단에 따라 중심 문장이 어디에 있는지 잘 살펴봐야 해요.

- 대부분 문단의 첫 문장이 중심 내용(중심 문장)일 수 있어요.
- 문단의 마지막 문장이 중심 내용(중심 문장)일 수도 있어요.
- 문단의 첫 문장에서 중심 내용이 나오고, 마지막 문장에서 다시 강조되기도 해요.
- 가끔은 중간에 중심 문장이 나오는 때도 있어요.

1) 두괄식 문단은 중심 문장이 문단의 앞부분에 위치해요.

중심 문장이 먼저 나오고 뒷받침 문장들이 이어지는 일반적인 글의 구성으로, 글을 읽는 사람이 중심 내용을 쉽게 찾을 수 있어요.

연습 문제 1 중심 문장과 뒷받침 문장을 구분하고 중심 문장을 찾아요.

❶ '플라시보 효과'는 단순한 약을 치료에 효과가 있는 약이라고 믿고 환자가 복용했을 때, 실제로 통증이 줄어들거나 병세가 호전되는 현상을 의미한다. ❷ 이는 '기쁘게 하다'라는 라틴어에서 유래된 말로 환자의 심리 상태를 이용하여 긍정적인 결과를 얻는 방법이다. ❸ 실제 연구 결과 비타민 C를 감기약으로 믿고 복용한 경우, 증상이 완화되거나 치료되는 경우가 많은 것으로 밝혀졌다. ❹ '플라시보 효과'는 긍정적인 믿음이 긍정적인 결과로 이어질 수 있음을 보여 주며, 치료에 대한 희망이 병을 낫게 하는 힘이 됨을 알려 준다.

➡ '플라시보 효과'에 대한 설명하는 글로 '플라시보 효과의 의미'가 담긴 ❶ 문장은 중심 문장이고, 플라시보의 유래, 관련 예를 설명하는 ❷, ❸, ❹ 문장은 뒷받침 문장입니다. 그러므로 중심 문장은 '□'입니다.

2) 미괄식 문단은 중심 문장이 문단의 마지막 부분에 위치해요.

문단의 앞부분에 뒷받침하는 문장들이 비교, 대조, 설명, 분류 등의 방법으로 이어지고, 이를 요약하거나 정리하는 중심 문장이 마지막에 옵니다.

연습 문제 2 중심 문장과 뒷받침 문장을 구분하고 중심 문장을 찾아요.

> ❶ 비타민 C를 감기약으로 믿고 복용한 환자 가운데 증상이 완화되거나 치료되는 경우가 많은 것이 실제 연구 결과에서 밝혀졌다. ❷ 이는 긍정적인 믿음이 긍정적인 결과로 이어질 수 있음을 보여 주는 것으로, 치료에 대한 희망이 병을 낫게 하는 힘이 됨을 알려 준다. ❸ '기쁘게 하다'라는 뜻의 라틴어에서 유래한 '플라시보'를 따서 '플라시보 효과'라고 부른다. ❹ '플라시보 효과'는 단순한 약을 치료에 효과가 있는 약이라고 믿고 환자가 복용했을 때, 실제로 통증이 줄어들거나 병세가 호전되는 현상을 의미한다.

➡ 이 글에서 ❶, ❷, ❸ 문장은 뒷받침 문장으로 '플라시보 효과'의 예시와 유래 등을 차례대로 설명한 뒤 중심 문장인 ❹ 문장을 마지막에 두어 글의 주제인 '플라시보 효과'를 더욱 강조합니다. 그러므로 중심 문장은 '□'입니다.

정답 1 ① 2 ④

3) 양괄식 문단은 중심 문장이 문단의 앞과 마지막 부분에 반복하여 위치해요.

문단의 처음에 중심 문장이 오고, 뒤이어 뒷받침하는 문장이 나온 후에 문단의 마지막에 중심 문장을 다시 한번 강조하여 제시해요.

연습 문제 3 중심 문장과 뒷받침 문장을 구분하고 중심 문장을 찾아요.

> ❶ '플라시보 효과'는 단순한 약을 치료에 효과가 있는 약이라고 믿고 환자가 복용했을 때, 실제로 통증이 줄어들거나 증상이 나아지는 현상을 의미한다. ❷ 이는 '기쁘게 하다'라는 라틴어에서 유래된 말로 환자의 심리 상태를 이용하여 긍정적인 결과를 얻는 방법이다. ❸ 그래서 '위약 효과'라고도 부른다. 실제 연구 결과 비타민 C를 감기약으로 믿고 복용한 경우, 증상이 완화되거나 치료되는 경우가 많은 것으로 밝혀졌다. ❹ '플라시보 효과'는 긍정적인 믿음이 긍정적인 결과로 이어질 수 있고, 치료에 대한 희망이 병을 낫게 하는 힘이 됨을 알려 준다. ❺ 이처럼 '플라시보 효과'는 실제 약효가 없는 약을 복용하고도 약효가 있다고 믿고 복용한 환자의 병세가 호전되는 현상을 말한다.

➡ 이 글에서 ❶ 문장은 '플라시보 효과'의 의미가 담긴 중심 내용을 말하고 ❷, ❸, ❹ 문장에서 '플라시보 효과'의 예시, 유래 등을 차례대로 설명한 뒤 ❺ 문장에서 다시 한번 플라시보 효과의 의미를 강조합니다.

그러므로 중심 문장은 '□'과 '□'입니다.

정답 3 ①, ⑤

[중심 문장이 생략된 문단]

연습 문제 4 중심 문장을 만들어 보세요.

> 감기를 빨리 낫게 하려면 백혈구가 힘껏 싸워 이길 수 있도록 따뜻한 물을 계속 마시고, 잘 먹고 푹 쉬어야 해요. 그리고 바깥에 나갔다 돌아오면 손을 깨끗이 씻는 것도 잊지 마세요.

➡ 중심 문장이 생략되었을 때에는 중심 문장을 어떻게 찾을까요?

이 글에서는 감기가 빨리 나으려면 우리가 해야 하는 일들이 다양하게 나옵니다.

그러므로 중심 문장은 '감기를 빨리 낫게 하는 다양한 □□이 있다.'로 만들 수 있습니다.

연습 문제 5 중심 문장을 만들어 보세요.

> ❶ 안내견은 시각 장애인이 안전하게 길을 가도록 도와줘요. 또, ❷ 개나 고양이와 같은 치료 동물은 병원에서 아픈 사람들을 위로하고 기분을 좋게 해 줘요. ❸ 농장에서 일하는 말이나 소들은 농사일을 도와주고, ❹ 경찰견은 범죄자를 잡는 데 큰 역할을 해요.

➡ 각 문장의 중심어인 '누가(무엇이)'에 해당하는 것은 '안내견', '치료 동물', '말과 소', '경찰견'이에요. 이 낱말을 모두 포함하는 낱말은 □□입니다.

또, 중심 문장인 '어찌하다'에 해당하는 내용은 '안전하게 길을 가도록 도와줘요', '위로하고 기분을 좋게 해 줘요', '농사일을 도와주고', '범죄자를 잡는 데 큰 역할을 해요'입니다.

이것들을 모두 포괄하는 하나의 문장으로 만들면 '________________'입니다.

정답 **4** 방법 **5** 동물 / 동물은 사람에게 도움을 준다.

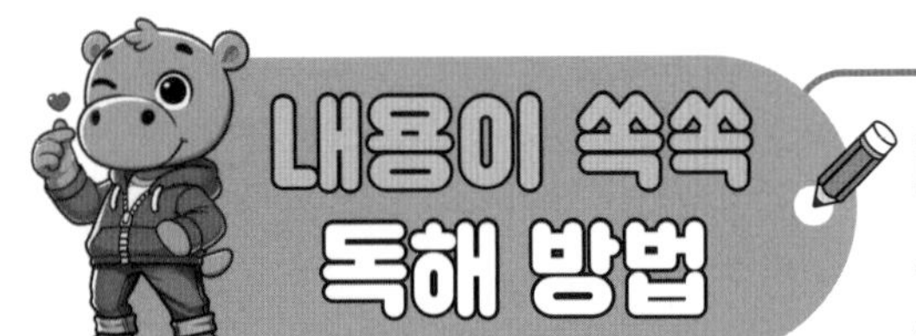

미션3 **세부 내용을 파악하라!**

세부 내용을 잘 찾는다는 것은 내용을 정확히 안다는 뜻이에요.

◉ 세부 내용이란?

어떤 것에 대해 자세히 나눠서 설명한 작은 부분입니다.

중심 문장을 먼저 찾고, 중심 문장의 내용을 좀 더 상세하게 설명하는 내용을 찾으면 됩니다.

1 문단의 내용으로 제목 만들기

연습 문제 1 내용을 파악하고 문단의 제목을 만들어 보세요.

> ❶ 산소는 이산화망가니즈 또는 아이오딘화 칼륨에 묽은 과산화수소수를 섞으면 발생합니다. ❷ 산소는 냄새가 나지 않고 색깔도 없습니다. ❸ 산소는 철과 같은 금속을 녹슬게 하고 사과, 배 등의 과일을 갈색으로 변하게 합니다. ❹ 또한 스스로 타지는 않지만, 다른 물질이 타는 것을 도와줍니다.

➡ 가장 많이 반복되어 나오는 낱말은 □□입니다.
그러므로 이 글의 중심어는 '□□'입니다.

➡ 문장의 내용을 살펴보면 ❶과 ❷, ❸, ❹로 구분됩니다.
❶ 문장에서 '어찌하다'에 해당하는 내용은 '이산화망가니즈 또는 아이오딘화 칼륨에 묽은 과산화수소수를 섞으면 발생합니다.'로 ❶ 문장을 요약하면 '□□의 □□'입니다.

➡ ❷, ❸, ❹ 문장에서 '어찌하다(어떠하다)'에 해당하는 내용은 '냄새가 나지 않고 색깔도 없습니다.', '철과 같은 금속을 녹슬게 하고 과일을 변하게 합니다.', '스스로 타지는 않지만, 다른 물질이 타는 것을 도와줍니다.'입니다. ❷, ❸, ❹ 문장을 요약·정리하면 '□□의 □□'입니다.

➡ 그러므로 문단의 제목을 만든다면 '□□의 □□과 □□'입니다.

정답 1 산소 / 산소, 발생 / 산소, 성질 / 산소, 발생, 성질

2 세부 내용에 □ 표시하고 순서대로 번호 붙이기

문단의 내용에 따라 보조 활동이 달라요. □ 표시한 뒤 순서대로 번호를 붙이는 활동 등이 있어요.

연습 문제 2 각 동물에 □ 표시하고, ①~③ 순서대로 번호를 붙이세요.

> ❶ 죽은 척하여 위장하는 동물들이 있습니다. ❷ 천적을 만나거나 위협을 느끼면 죽은 척하여 위기를 넘깁니다. ❸ 주머니쥐는 적이 나타나면 바로 죽은 척하며 그 자리에 누워 버립니다. ❹ 그러면 천적은 주머니쥐가 죽었다고 생각해 돌아갑니다. ❺ 죽은 동물을 먹고 싶은 마음이 사라졌기 때문입니다. ❻ 풀뱀은 죽어서 오랜 시간이 지난 것처럼 꾸미려고 몸을 둥글게 틀고 썩은 냄새까지 풍깁니다. ❼ 또 인도의 나무뱀은 빨갛게 충혈된 눈으로 입에서 피까지 흘리며 실제 죽는 듯한 생생한 모습으로 위장합니다.

➡ 위의 문단은 '죽은 척 위장하는 동물들'에 관한 이야기로 ❸, ❻, ❼ 문장에 각 동물을 소개하고 있어요. 각 동물에 □ 표시하고 ①~③ 순서대로 번호를 붙인다면 ① '□□□□', ② '□□', ③ '□□□'입니다.

정답 2 ① 주머니쥐 ② 풀뱀 ③ 나무뱀

2
단원

지구와 달의 운동

01 지구의 자전과 공전으로 어떤 현상이 나타날까요?

02 여러 날 동안 달의 모양과 위치는 어떻게 달라질까요?

지구의 자전과 공전으로 어떤 현상이 나타날까요?

학습 목표

지구의 자전과 공전의 개념을 알고, 이로 인해 나타나는 현상을 이해할 수 있어요.

학습 완료 체크

학습이 끝난 코너는 ✓ 체크해 보세요.

- ❑ 생각 열기
- ❑ 어휘 뜻 짐작하기
- ❑ 어휘력이 쑥쑥
- ❑ 내용이 쏙쏙
- ❑ 그래픽 조직자
- ❑ 말하는 공부
- ❑ 기억 꺼내기

지구의 자전과 공전에 대해
하롱이와 함께
신나게 공부해 보자~

생각 열기

만약 지구가 태양을 중심으로 정해진 길을 따라 돌면서 자전하지 않는다면, 어떤 일이 벌어질까요? 태양과 지구의 대화를 읽고 상상하여 답해 보세요.

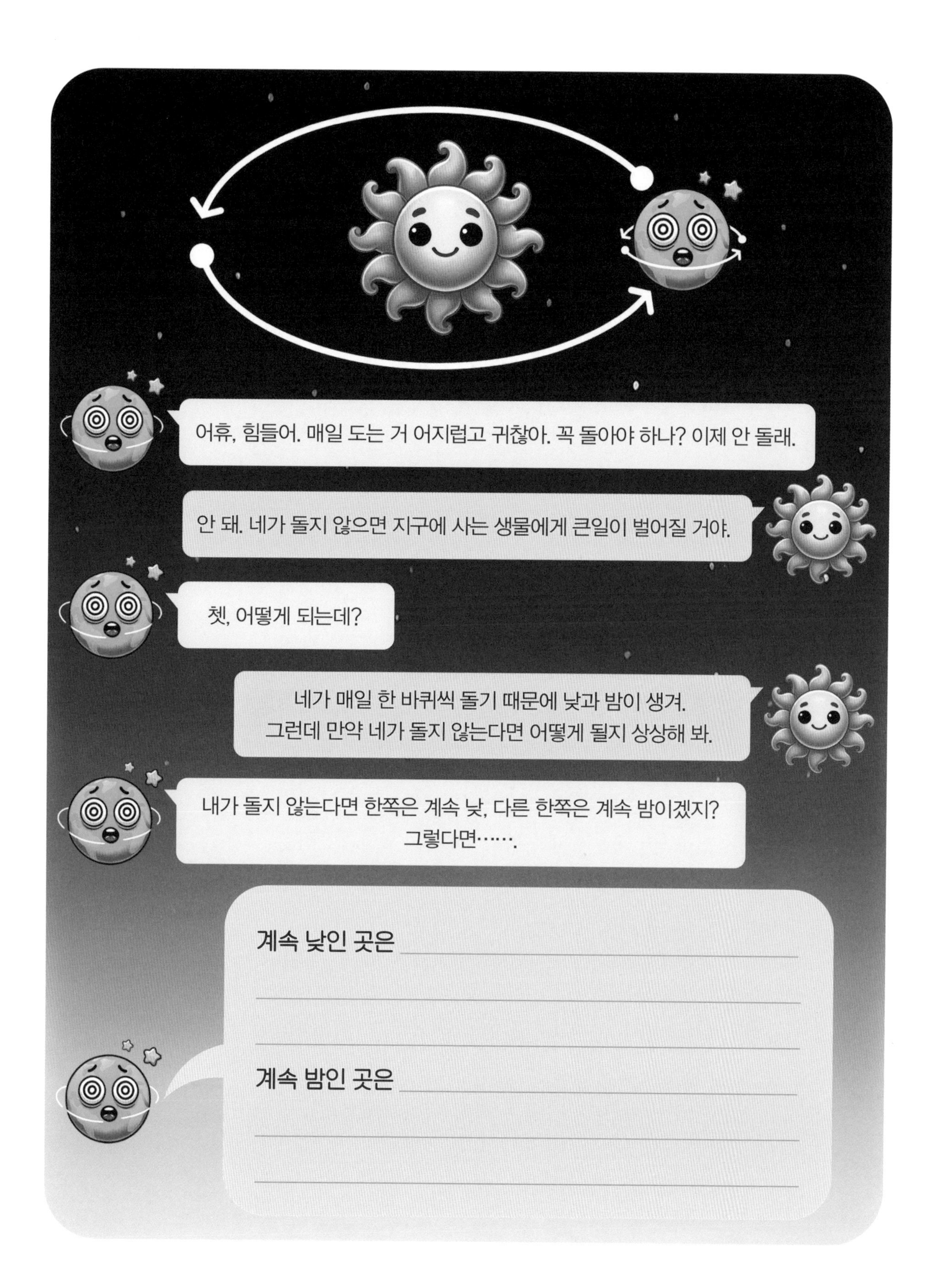

❶ 아래 글을 훑어 읽으며 모르는 어휘에 □ 표시하세요.

❷ □ 표시한 어휘 가운데 선택하여 앞, 뒤 문장을 다시 읽어 보며 어휘의 뜻을 짐작하여 써 보세요.

지구는 자전축을 중심으로 하루에 한 바퀴씩 서쪽에서 동쪽(시계 반대 방향)으로 회전하는데 이를 지구의 자전이라고 합니다. 지구의 자전축은 북극과 남극을 연결하는 가상의 선으로 23.5도 기울어져 있습니다.

지구가 자전하기 때문에 지구에서 보면 하루 동안 태양과 달은 동쪽 하늘에서 서쪽 하늘로 지는 것처럼 보입니다. 마치 달리는 차 안에서 바깥을 보면, 나무와 집들이 우리와 반대 방향으로 움직이는 것처럼 보이는 것과 같은 원리입니다.

또, 지구의 자전으로 하루에 한 번씩 낮과 밤이 바뀌게 됩니다. 지구가 자전하면서 태양 빛을 받는 곳은 낮이 되고, 태양 빛을 받지 못하는 곳은 밤이 됩니다.

지구는 기울어진 채로 매일 자전하면서, 동시에 태양을 중심으로 서쪽에서 동쪽으로 일 년에 한 바퀴씩 돕니다. 이를 지구의 공전이라고 합니다.

지구가 공전하기 때문에 계절의 변화가 생깁니다. 지구가 기울어진 채 회전하면 북반구가 더 많은 햇빛을 받을 때가 있고, 남반구가 더 많은 햇빛을 받을 때도 있습니다. 지구는 둥글어서 위치에 따라 햇빛을 받는 양이 다른데, 햇빛을 더 많이 받아 따뜻한 지역은 여름이 되고, 햇빛을 덜 받아 추운 지역은 겨울이 됩니다. 지구의 적도 지역은 비교적 햇빛을 일정하게 많이 받아 사계절 내내 여름입니다.

또한, 지구가 공전하면서 계절에 따라 지구의 위치가 달라지기 때문에 보이는 별자리도 달라집니다. 저녁 9시쯤 남쪽이나 남동쪽 하늘에서 보이는 별자리가 그 계절의 대표적인 별자리입니다. 예를 들어, 봄철 밤하늘에는 사자자리를, 여름철에는 거문고자리를 볼 수 있습니다. 가을철에는 물고기자리, 겨울철에는 오리온자리가 보입니다. 이러한 계절별 대표적인 별자리는 태양 빛 때문에 보이지 않는 계절을 제외하고는, 두 계절이나 세 계절에 걸쳐 볼 수 있습니다. 예를 들어 봄철 별자리인 사자자리는 겨울철을 제외하고 봄, 여름, 가을 밤하늘에서 관측할 수 있습니다.

❶ ☐ 표시한 어휘 중 정확한 뜻을 알고 싶은 어휘를 골라 아래에 쓰세요.

❷ 어휘 사전에서 어휘의 뜻을 찾아 이해한 뒤, 뜻을 **내 말로 정리**해 보세요.

글을 읽으며 글쓴이가 중요하다고 강조하는 중심어에는 ◯,
중심 문장에는 ______을 그어 보세요.

1문단
- 중심어에 ○하기
- 중심 문장에 ____긋기

1 지구는 자전축을 중심으로 하루에 한 바퀴씩 서쪽에서 동쪽(시계 반대 방향)으로 회전하는데 이를 지구의 자전이라고 합니다. 지구의 자전축은 북극과 남극을 연결하는 가상의 선으로 23.5도 기울어져 있습니다.

2문단
- 중심어에 ○하기
- 중심 문장에 ____긋기

2 지구가 자전하기 때문에 지구에서 보면 하루 동안 태양과 달은 동쪽 하늘에서 서쪽 하늘로 지는 것처럼 보입니다. 마치 달리는 차 안에서 바깥을 보면, 나무와 집들이 우리와 반대 방향으로 움직이는 것처럼 보이는 것과 같은 원리입니다.

3문단
- 중심어에 ○하기
- 중심 문장에 ____긋기

3 또, 지구의 자전으로 하루에 한 번씩 낮과 밤이 바뀌게 됩니다. 지구가 자전하면서 태양 빛을 받는 곳은 낮이 되고, 태양 빛을 받지 못하는 곳은 밤이 됩니다.

4문단
- 중심어에 ○하기
- 중심 문장에 ____긋기

4 지구는 기울어진 채로 매일 자전하면서, 동시에 태양을 중심으로 서쪽에서 동쪽으로 일 년에 한 바퀴씩 돕니다. 이를 지구의 공전이라고 합니다.

5문단
- 중심어에 ○하기
- 중심 문장에 ____긋기

5 지구가 공전하기 때문에 계절의 변화가 생깁니다. 지구가 기울어진 채 회전하면 북반구가 더 많은 햇빛을 받을 때가 있고, 남반구가 더 많은 햇빛을 받을 때도 있습니다. 지구는 둥글어서 위치에 따라 햇빛을 받는 양이 다른데, 햇빛을 더 많이 받아 따뜻한 지역은 여름이 되고, 햇빛을 덜 받아 추운 지역은 겨울이 됩니다. 지구의 적도 지역은 비교적 햇빛을 일정하게 많이 받아 사계절 내내 여름입니다.

6문단
- 중심어에 ○하기
- 중심 문장에 ____긋기

6 또한, 지구가 공전하면서 계절에 따라 지구의 위치가 달라지기 때문에 보이는 별자리도 달라집니다. 저녁 9시쯤 남쪽이나 남동쪽 하늘에서 보이는 별자리가 그 계절의 대표적인 별자리입니다. 예를 들어, 봄철 밤하늘에는 사자자리를, 여름철에는 거문고자리를 볼 수 있습니다. 가을철에는 물고기자리, 겨울철에는 오리온자리가 보입니다. 이러한 계절별 대표적인 별자리는 태양 빛 때문에 보이지 않는 계절을 제외하고는, 두 계절이나 세 계절에 걸쳐 볼 수 있습니다. 예를 들어 봄철 별자리인 사자자리는 겨울철을 제외하고 봄, 여름, 가을 밤하늘에서 관측할 수 있습니다.

지문의 중심 내용을 요약해 보세요.

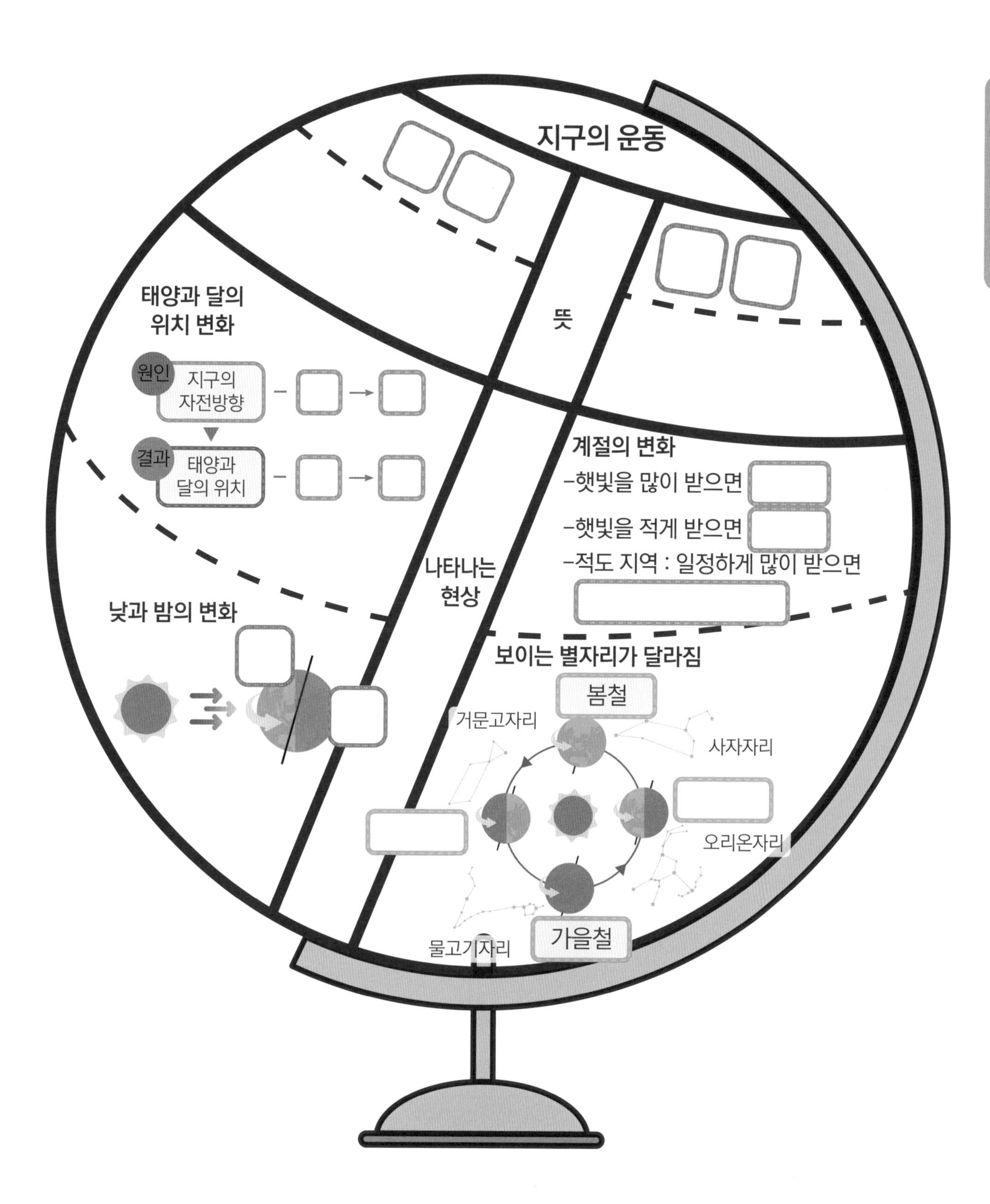

배운 내용을 말로 설명하는 과정은 내가 아는 것과 모르는 것을 구분하여 정확하게 이해하고 기억하게 해 주는 최고의 공부법이에요. 앞에 정리한 내용을 떠올리며 번호 순서대로 설명해 보세요.

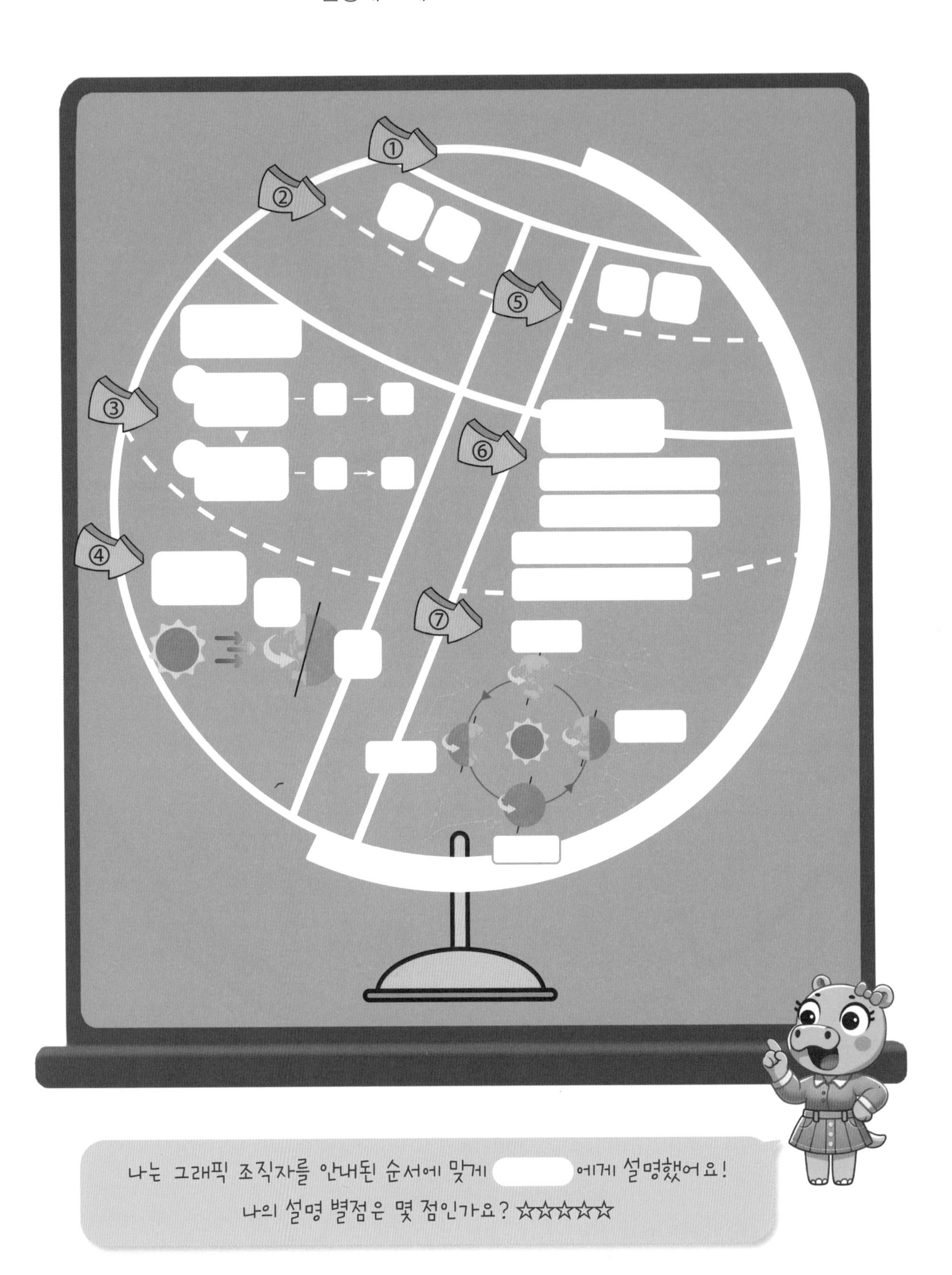

나는 그래픽 조직자를 안내된 순서에 맞게 ( ) 에게 설명했어요!
나의 설명 별점은 몇 점인가요? ☆☆☆☆☆

같은 시간 같은 장소에서 밤하늘을 관찰하던 하마 선원이 하롱 선장에게 궁금한 점을 질문했어요. 하롱 선장이 되어 다음의 질문에 답하세요.

하롱 선장님! 겨울이라 그런지 오늘도 좀 춥네요.
매일 밤 달과 별이 뜨고 지는 것을 지켜보았는데,
왜 달과 별은 동쪽에서 서쪽으로 움직이는 것처럼 보이나요?

초보 항해사 하마 군! 그건 말이야... ____________
____________ 때문에 지구에서 보면 달과 별도 태양처럼
동쪽에서 서쪽으로 움직이는 것처럼 보이는 거야.

그렇군요. 하롱 선장님, 이제 곧 어두워지겠어요.
어제처럼 오늘 밤도 오리온자리가 보이네요.
오리온자리는 여름날 밤에도 볼 수 있겠죠?

음... 여름에는 오리온자리를 볼 수 없어.
왜냐하면 계절마다 관찰할 수 있는 별자리가 다르거든.

계절마다 관찰할 수 있는 별자리가 다른 이유는 무엇일까요, 선장님?

계절마다 보이는 별자리가 다른 이유는 ____________
____
그래서 오리온자리는 겨울철에는 가장 잘 보이는 별자리지만
여름철에는 그 계절의 대표적인 별자리인 ____________ 가 보이지.

여러 날 동안 달의 모양과 위치는 어떻게 달라질까요?

학습 목표

여러 날 동안 달의 모양과 위치 변화의 원인을 이해할 수 있어요.

학습 완료 체크

학습이 끝난 코너는 ✓ 체크해 보세요.

- ❑ 생각 열기
- ❑ 어휘 뜻 짐작하기
- ❑ 어휘력이 쑥쑥
- ❑ 내용이 쏙쏙
- ❑ 그래픽 조직자
- ❑ 말하는 공부
- ❑ 기억 꺼내기

여러 날 동안 달라지는 달의 모양과 위치에 대해 하롱이와 함께 신나게 공부해 보자~

생각 열기

〈달 달 무슨 달〉 미술 전시회가 열렸어요. 하미는 그림 속 달을 보며 엄마와 이야기를 나눴어요. 달의 모양을 보고 상상하여 이름을 지어보고 그렇게 이름을 지은 까닭도 써 보세요.

엄마, 그림마다 달의 모양이 달라요!
첫 번째 그림 속 달은 (이)라고 짓고 싶어요.
왜냐하면

손등이 눈앞에 보이게 오른손을 펴 봐.
북반구를 기준으로, 달의 모습이 오른손의 엄지손톱 같이 왼쪽으로 보이면 그믐달이란다.

두 번째 그림의 달은 저도 알아요! 보름달이지요?
보름달은 (이)라고 짓고 싶어요.
왜냐하면

맞아! 옛날 사람들은 보름달의 무늬를 보며 달에 사는 토끼가 떡방아를 찧는다고 생각했지. 하지만 미국 우주선 아폴로 11호가 달에 착륙해 어떤 생명체도 없다는 것을 확인했단다.

세 번째 그림의 달 이름이 가장 궁금해요.
이 달은 (이)라고 이름 지을래요.
왜냐하면

이 달은 하현달이야. 그림마다 달의 모양이 달라서 기억하기 어렵지? 양손을 주먹 쥐고 마주보게 했을 때 왼쪽으로 볼록한 왼손을 하현달로 기억하렴.

❶ 아래 글을 훑어 읽으며 모르는 어휘에 ☐ 표시하세요.

❷ ☐ 표시한 어휘 가운데 선택하여 앞, 뒤 문장을 다시 읽어 보며 어휘의 뜻을 짐작하여 써 보세요.

우주에는 태양, 지구, 달, 별과 같은 다양한 천체들이 있습니다. 이 중 달은 지구에서 가장 가까운 천체이며, 지구 주위를 도는 유일한 위성입니다. 달은 스스로 빛을 내지 못하고, 태양 빛을 반사하여 빛을 냅니다. 그래서 우리가 보는 달의 모습은 태양 빛을 받아 빛나는 달의 표면입니다.

달은 지구처럼 자전하면서 동시에 지구 둘레를 공전합니다. 달의 자전과 공전 방향은 서쪽에서 동쪽으로 같고, 자전과 공전 주기도 약 한 달로 지구와 같습니다. 달이 지구를 중심으로 공전하면 위치가 달라지면서 태양 빛을 받는 쪽과 받지 못하는 쪽이 생깁니다. 이때 태양 빛을 받는 쪽이 달의 낮이 됩니다.

여러 날 동안 달을 관찰하면 달의 모양이 조금씩 변하는 것을 볼 수 있습니다. 우리 눈에는 태양 빛을 받는 달의 낮 부분만 보이기 때문에 달의 모양이 변하는 것처럼 보입니다. 달의 모양은 초승달, 상현달, 보름달, 하현달, 그믐달의 순서로 변합니다. 밝게 보이는 부분이 오른쪽으로 휘어진 눈썹 모양에서 점점 커져 둥근 모양이 된 후, 다시 점점 작아지는 것을 관찰할 수 있습니다. 이러한 달의 모양 변화는 약 30일을 주기로 반복됩니다. 이렇게 달의 모양이 변하는 것을 주기로 삼아 만든 달력이 음력입니다. 음력 2~3일경에는 초승달, 음력 7~8일경에는 상현달, 음력 15일경에는 보름달, 음력 22~23일경에는 하현달, 음력 27~28일경에는 그믐달을 볼 수 있습니다.

여러 날 동안 같은 시각, 같은 장소에서 달을 보면 달의 위치가 서쪽에서 동쪽으로 조금씩 움직이는 것을 알 수 있습니다. 예를 들어 태양이 진 직후 서쪽 하늘에서 보이던 초승달은 시간이 지남에 따라 사라지고, 상현달은 남쪽 하늘에서 관찰됩니다. 보름달은 태양이 진 직후 동쪽 하늘에서 나타나 가장 오랫동안 볼 수 있습니다.

❶ ☐ 표시한 어휘 중 정확한 뜻을 알고 싶은 어휘를 골라 아래에 쓰세요.

❷ 어휘 사전에서 어휘의 뜻을 찾아 이해한 뒤, 뜻을 **내 말로 정리**해 보세요.

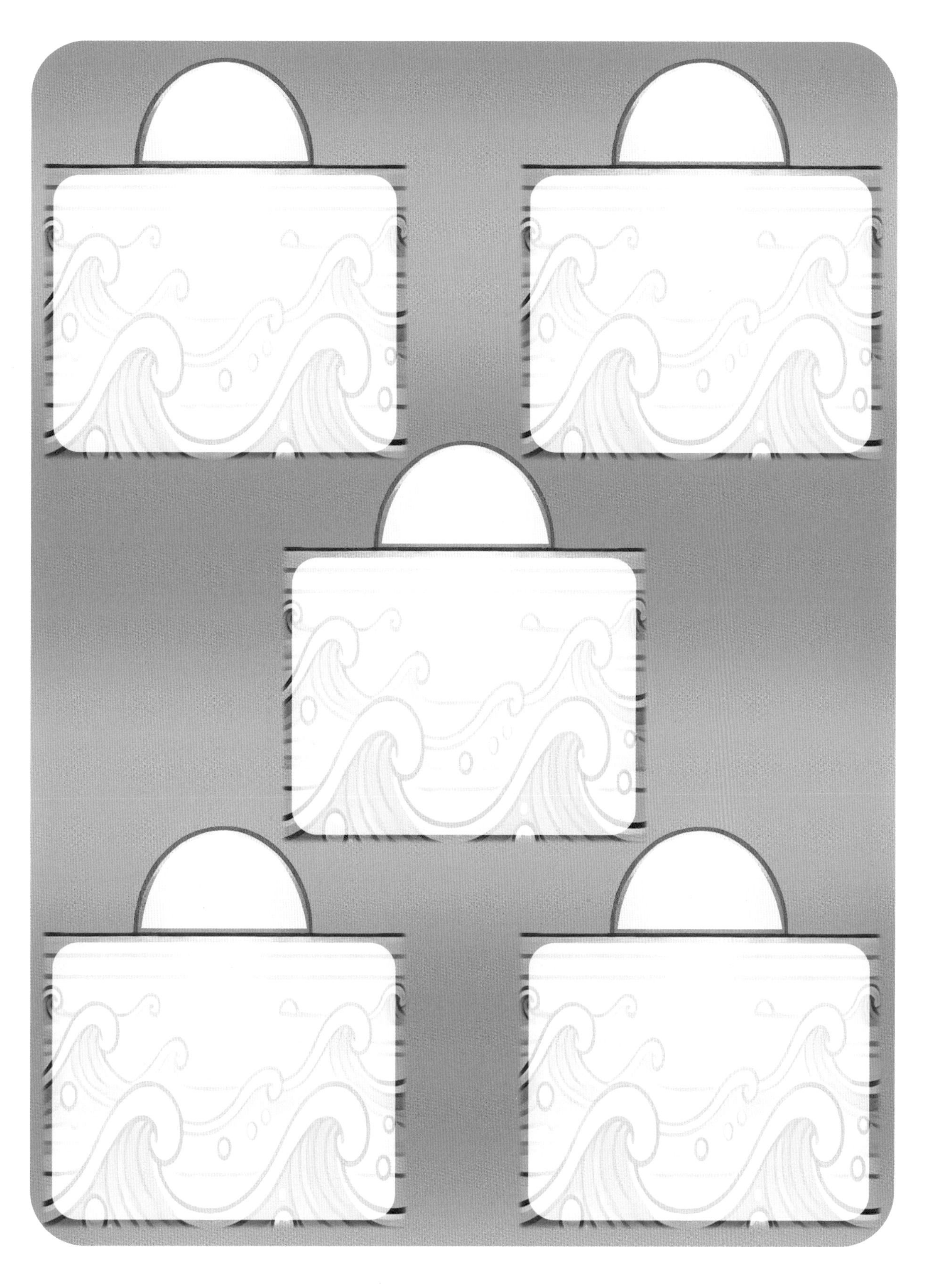

글을 읽으며 글쓴이가 중요하다고 강조하는 중심어에는 ◯, 중심 문장에는 ______을 그어 보세요.

1문단
- 중심어에 ◯하기
- 중심 문장에 ____긋기

1 우주에는 태양, 지구, 달, 별과 같은 다양한 천체들이 있습니다. 이 중 달은 지구에서 가장 가까운 천체이며, 지구 주위를 도는 유일한 위성입니다. 달은 스스로 빛을 내지 못하고, 태양 빛을 반사하여 빛을 냅니다. 그래서 우리가 보는 달의 모습은 태양 빛을 받아 빛나는 달의 표면입니다.

2문단
- 중심어에 ◯하기
- 중심 문장에 ____긋기

2 달은 지구처럼 자전하면서 동시에 지구 둘레를 공전합니다. 달의 자전과 공전 방향은 서쪽에서 동쪽으로 같고, 자전과 공전 주기도 약 한 달로 지구와 같습니다. 달이 지구를 중심으로 공전하면 위치가 달라지면서 태양 빛을 받는 쪽과 받지 못하는 쪽이 생깁니다. 이때 태양 빛을 받는 쪽이 달의 낮이 됩니다.

3문단
- 중심어에 ◯하기
- 중심 문장에 ____긋기
- 음력 날짜마다 모양이 다른 달의 이름에 □하기

3 여러 날 동안 달을 관찰하면 달의 모양이 조금씩 변하는 것을 볼 수 있습니다. 우리 눈에는 태양 빛을 받는 달의 낮 부분만 보이기 때문에 달의 모양이 변하는 것처럼 보입니다. 달의 모양은 초승달, 상현달, 보름달, 하현달, 그믐달의 순서로 변합니다. 밝게 보이는 부분이 오른쪽으로 휘어진 눈썹 모양에서 점점 커져 둥근 모양이 된 후, 다시 점점 작아지는 것을 관찰할 수 있습니다. 이러한 달의 모양 변화는 약 30일을 주기로 반복됩니다. 이렇게 달의 모양이 변하는 것을 주기로 삼아 만든 달력이 음력입니다. 음력 2~3일경에는 초승달, 음력 7~8일경에는 상현달, 음력 15일경에는 보름달, 음력 22~23일경에는 하현달, 음력 27~28일경에는 그믐달을 볼 수 있습니다.

4문단
- 중심어에 ◯하기
- 중심 문장에 ____긋기

4 여러 날 동안 같은 시각, 같은 장소에서 달을 보면 달의 위치가 서쪽에서 동쪽으로 조금씩 움직이는 것을 알 수 있습니다. 예를 들어 태양이 진 직후 서쪽 하늘에서 보이던 초승달은 시간이 지남에 따라 사라지고, 상현달은 남쪽 하늘에서 관찰됩니다. 보름달은 태양이 진 직후 동쪽 하늘에서 나타나 가장 오랫동안 볼 수 있습니다.

지문의 중심 내용을 요약해 보세요.

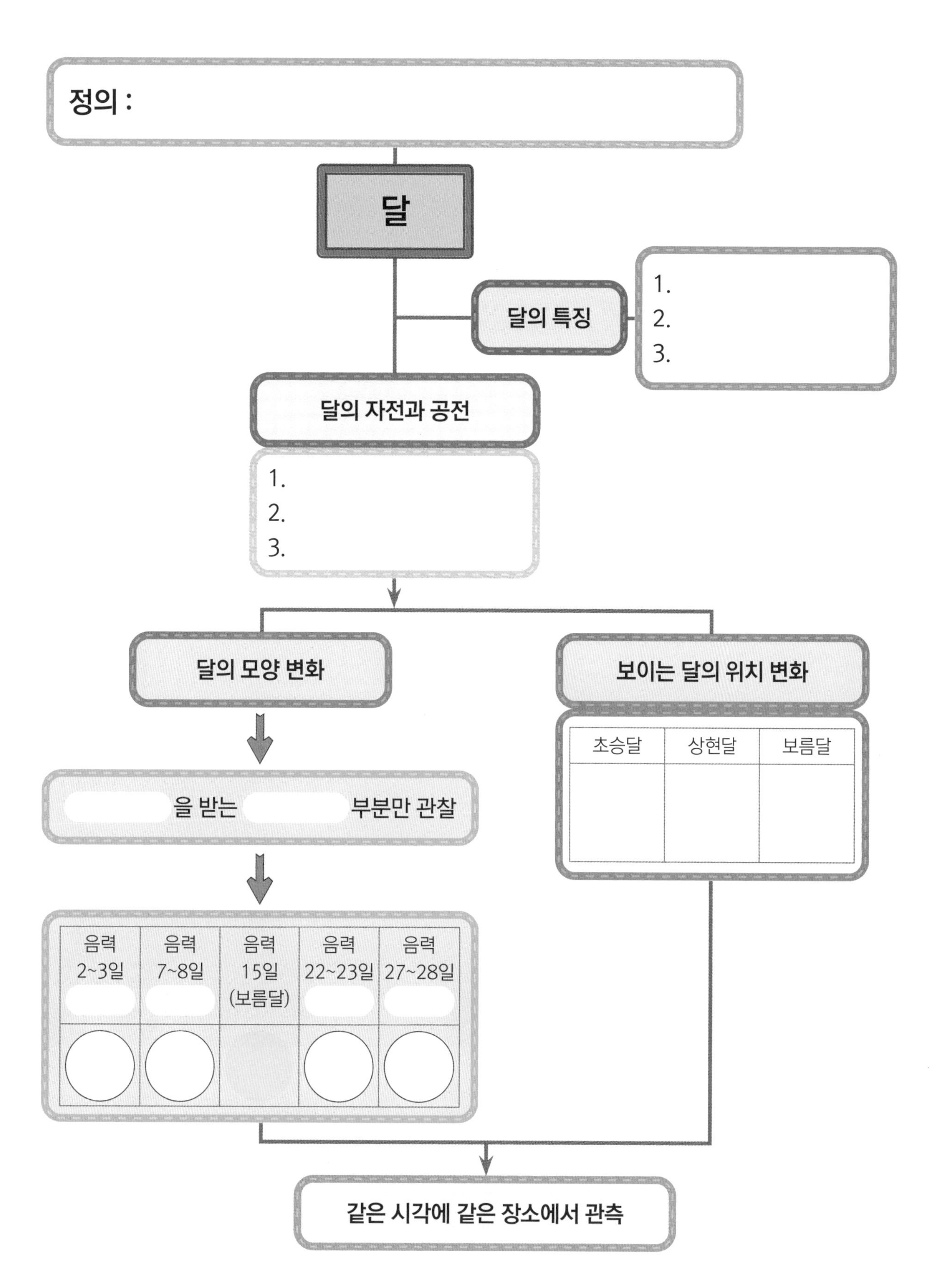

배운 내용을 말로 설명하는 과정은 내가 아는 것과 모르는 것을 구분하여 정확하게 이해하고 기억하게 해 주는 최고의 공부법이에요. 앞에 정리한 내용을 떠올리며 번호 순서대로 설명해 보세요.

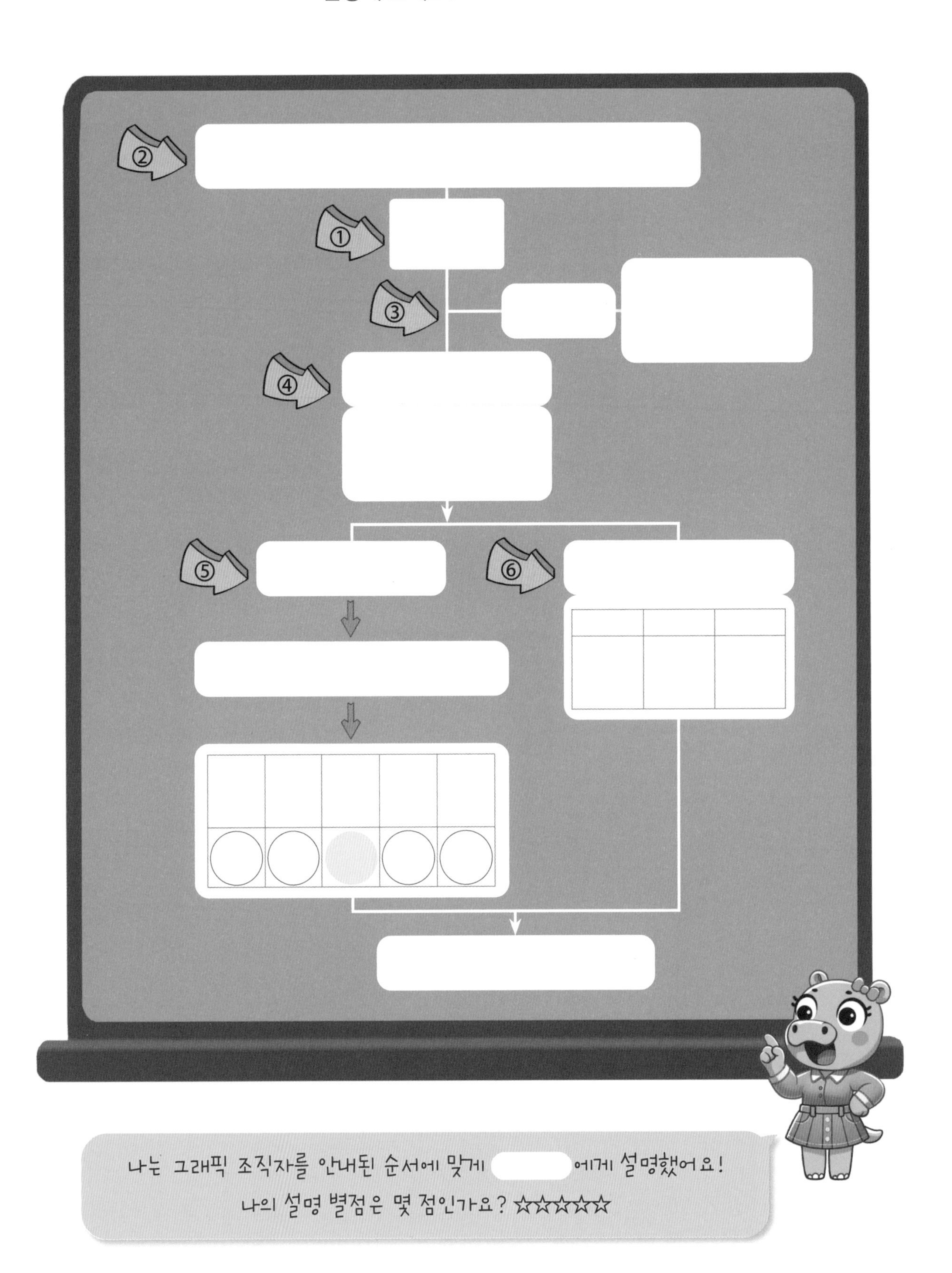

나는 그래픽 조직자를 안내된 순서에 맞게 ____ 에게 설명했어요!
나의 설명 별점은 몇 점인가요? ☆☆☆☆☆

탐정 하롱이는 100억 상당의 목걸이 도난 사건을 수사 중이에요. 피해자는 최근 한 달 동안 집을 비웠으며, 빈집을 다녀간 다섯 명의 택배기사를 용의자로 지목했어요. 아래 단서를 통해 범인을 찾고, 범인이라고 생각한 이유를 써 보세요.

1. CCTV 고장으로 소리만 녹음됨
2. 음력 11월 7일에 창문이 깨지는 소리가 녹음됨
3. 11월에 다녀간 다섯 명의 택배기사가 택배 물건을 유리 현관문 앞에 놓은 뒤 택배 완료 사진을 제출함
4. 사진 속 달은 유리 현관문에 반사된 달이고, 각각의 모양이 모두 다름

지목된 5인의 용의자와 용의자가 택배 완료 후 찍은 사진 속 달의 모양

택배기사 한○○ 씨

택배기사 홍○○ 씨

택배기사 고○○ 씨

택배기사 이○○ 씨

택배기사 최○○ 씨

범인은 바로 택배기사 ______________ 다.

첫 번째 단서는 ______________________
______________ 이다. 이 단서를 통해
______________ 이라는 것을 알 수 있다.

두 번째 단서는 ______________________
______________ 이다. 이 단서를 통해
______________ 이라는 것을 알 수 있다.

우주 여행을 하던 하롱이 앞에 거대한 행성과 유성이 나타났어요. 아래 설명을 읽고 행성과 유성 속 빈칸에 단어를 넣어 보세요.

우주 여행을 꿈꾸는 하롱이가 별을 관측하다 외계인으로부터 신호를 받았어요. 외계인의 말풍선을 읽고 지구와 달 중 하나를 선택하여 외계인이 원하는 정보를 전달해 주세요. 단, 지구와 달이 있는 둥근 은하수 속 제시어를 세 가지 이상 골라 편지를 써 보세요.

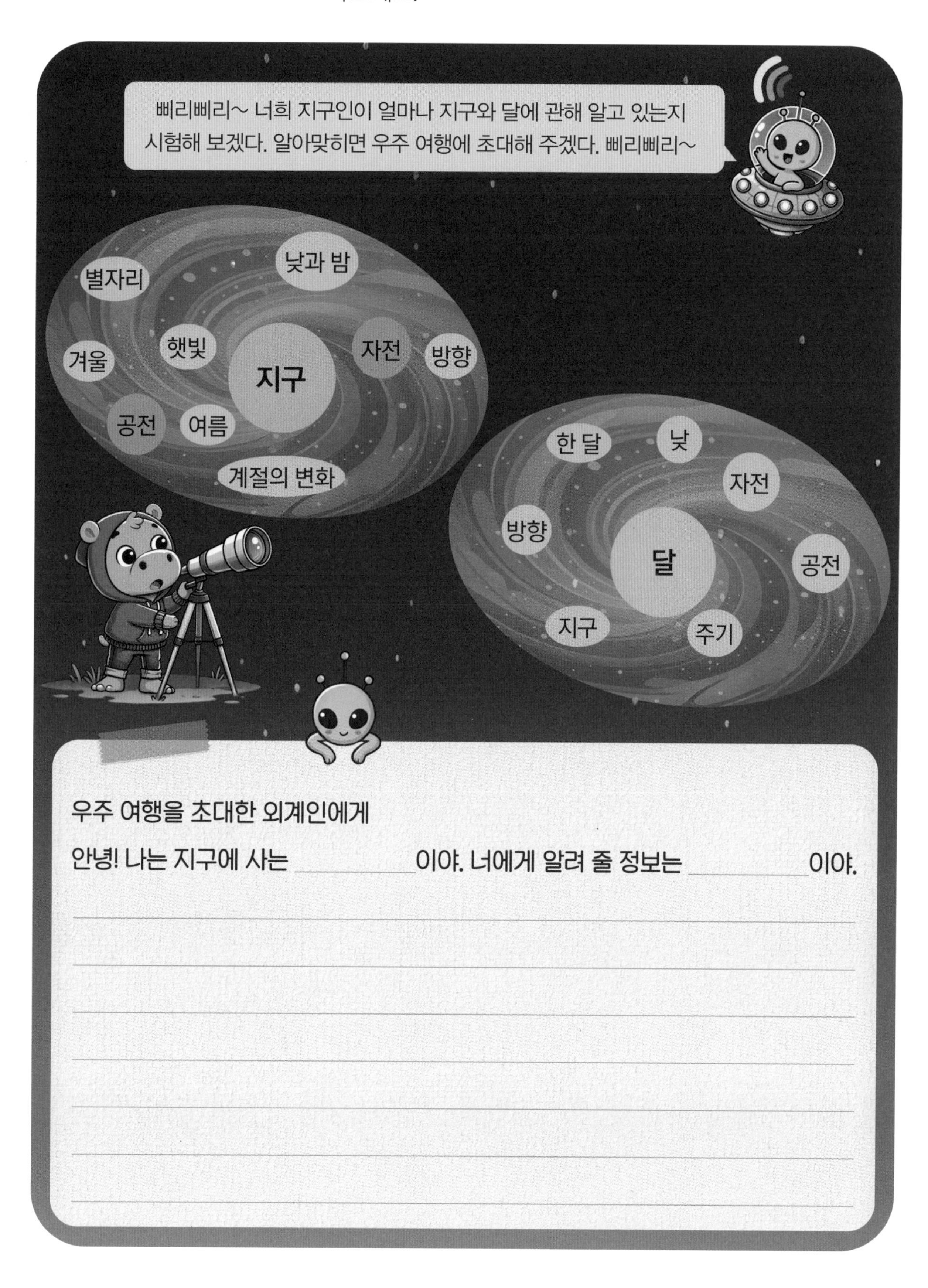

3
단원

여러 가지 기체

01 여러 가지 기체의 성질은 무엇이며, 생활에서 어떻게 이용될까요?

02 온도와 압력에 따른 기체의 부피 변화를 알아볼까요?

여러 가지 기체의 성질은 무엇이며, 생활에서 어떻게 이용될까요?

학습 목표

여러 가지 기체의 성질과 생활에서 기체의 이용을
이해할 수 있어요.

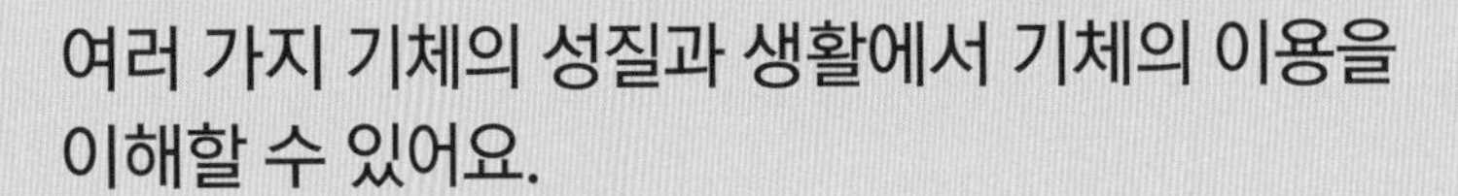

학습 완료 체크

학습이 끝난 코너는 ✔ 체크해 보세요.

- ☐ 생각 열기
- ☐ 어휘 뜻 짐작하기
- ☐ 어휘력이 쑥쑥
- ☐ 내용이 쏙쏙
- ☐ 그래픽 조직자
- ☐ 말하는 공부
- ☐ 기억 꺼내기

여러 가지 기체의
성질과 이용에 대해
하롱이와 함께
신나게 공부해 보자~

하롱이가 직업 체험관에 갔어요. 각각의 직업과 관련된 물건을 알맞은 기체와 연결해야 합니다. 여러분이 하롱이를 도와 알맞게 연결해 보세요.

❶ 아래 글을 훑어 읽으며 모르는 어휘에 □ 표시하세요.
❷ □ 표시한 어휘 가운데 선택하여 앞, 뒤 문장을 다시 읽어 보며 어휘의 뜻을 짐작하여 써 보세요.

숨을 크게 들이쉬면 공기가 우리 몸 안으로 들어오는 걸 느낄 수 있습니다. 우리가 매일 마시는 공기는 여러 가지 기체가 고유한 성질을 유지한 채 섞여 있는 혼합물입니다. 공기 중에 가장 많은 것은 질소이고, 그다음은 산소입니다. 그 외에도 이산화탄소, 수소, 네온, 헬륨, 아르곤 등이 아주 조금씩 섞여 있습니다.

산소는 이산화망가니즈 또는 아이오딘화 칼륨에 묽은 과산화수소수를 섞으면 발생합니다. 산소는 냄새가 나지 않고 색깔도 없습니다. 산소는 철과 같은 금속을 녹슬게 하고 사과, 배 등의 과일을 갈색으로 변하게 합니다. 또한 스스로 타지는 않지만, 다른 물질이 타는 것을 도와줍니다.

이산화탄소는 탄산수소나트륨에 식초나 구연산을 섞으면 발생합니다. 이산화탄소는 냄새가 나지 않고 색깔도 없습니다. 또 석회수를 뿌옇게 만드는 성질이 있으며, 물에 잘 녹고 톡 쏘는 맛이 있습니다. 이산화탄소는 불이 났을 때 산소의 접근을 차단해 불이 더는 번지지 않도록 막아 주는 중요한 역할을 합니다. 그러나 공기 중에 이산화탄소의 양이 너무 많아지면 지구의 온도가 올라가 지구온난화 현상이 심해집니다. 따라서 우리 모두 이산화탄소를 줄이기 위해 노력해야 합니다.

공기를 구성하는 기체는 각각의 성질에 따라 생활에서 다양하게 활용됩니다. 산소는 숨쉬기 어려운 환자들을 도와주는 산소 호흡 장치나 잠수부가 물속에서 숨을 쉴 때 사용하는 압축 공기통에 이용됩니다. 또 연료를 태워 로켓을 하늘 높이 쏘아올릴 때 쓰입니다. 이산화탄소는 탄산음료를 만들거나 소화기, 소화제의 재료로 이용됩니다. 그리고 이산화탄소를 얼려 만든 드라이아이스는 음식을 차갑게 보관하는 데 사용합니다. 그 외에 질소는 식품을 포장할 때 넣으면 식품의 모양이 변하지 않고 신선하게 보관할 수 있습니다. 수소는 산소와 반응하여 전기에너지를 만들어 내는데, 이때 물만 생성되고 오염 물질이 발생하지 않아 친환경 에너지로 주목받고 있습니다. 네온은 다양한 색깔의 빛을 낼 수 있어 간판이나 조명기구에 쓰입니다. 헬륨은 공기보다 가벼워서 비행선이나 풍선을 공중에 띄울 수 있게 합니다. 아르곤은 고온에서도 안정적인 성질을 가지고 있어 형광등에 들어가는 가스로 쓰입니다.

❶ ☐ 표시한 어휘 중 정확한 뜻을 알고 싶은 어휘를 골라 아래에 쓰세요.

❷ 어휘 사전에서 어휘의 뜻을 찾아 이해한 뒤, 뜻을 **내 말로 정리**해 보세요.

글을 읽으며 글쓴이가 중요하다고 강조하는 중심어에는 ◯,
중심 문장에는 ______을 그어 보세요.

1문단
- 중심어에 ◯하기
- 중심 문장에 ____긋기

2문단
- 중심어에 ◯하기
- 제목 붙이기
  [ ]
  [ ]

3문단
- 중심어에 ◯하기
- 제목 붙이기
  [ ]
  [ ]

4문단
- 중심어에 ◯하기
- 중심 문장에 ____긋기
- 공기를 이루는 기체에 □하고, ❶~❼ 순서대로 번호 붙이기

1 숨을 크게 들이쉬면 공기가 우리 몸 안으로 들어오는 걸 느낄 수 있습니다. 우리가 매일 마시는 공기는 여러 가지 기체가 고유한 성질을 유지한 채 섞여 있는 혼합물입니다. 공기 중에 가장 많은 것은 질소이고, 그다음은 산소입니다. 그 외에도 이산화탄소, 수소, 네온, 헬륨, 아르곤 등이 아주 조금씩 섞여 있습니다.

2 산소는 이산화망가니즈 또는 아이오딘화 칼륨에 묽은 과산화수소수를 섞으면 발생합니다. 산소는 냄새가 나지 않고 색깔도 없습니다. 산소는 철과 같은 금속을 녹슬게 하고 사과, 배 등의 과일을 갈색으로 변하게 합니다. 또한 스스로 타지는 않지만, 다른 물질이 타는 것을 도와줍니다.

3 이산화탄소는 탄산수소나트륨에 식초나 구연산을 섞으면 발생합니다. 이산화탄소는 냄새가 나지 않고 색깔도 없습니다. 또 석회수를 뿌옇게 만드는 성질이 있으며, 물에 잘 녹고 톡 쏘는 맛이 있습니다. 이산화탄소는 불이 났을 때 산소의 접근을 차단해 불이 더는 번지지 않도록 막아 주는 중요한 역할을 합니다. 그러나 공기 중에 이산화탄소의 양이 너무 많아지면 지구의 온도가 올라가 지구온난화 현상이 심해집니다. 따라서 우리 모두 이산화탄소를 줄이기 위해 노력해야 합니다.

4 공기를 구성하는 기체는 각각의 성질에 따라 생활에서 다양하게 활용됩니다. 산소는 숨쉬기 어려운 환자들을 도와주는 산소 호흡 장치나 잠수부가 물속에서 숨을 쉴 때 사용하는 압축 공기통에 이용됩니다. 또 연료를 태워 로켓을 하늘 높이 쏘아올릴 때 쓰입니다. 이산화탄소는 탄산음료를 만들거나 소화기, 소화제의 재료로 이용됩니다. 그리고 이산화탄소를 얼려 만든 드라이아이스는 음식을 차갑게 보관하는 데 사용합니다. 그 외에 질소는 식품을 포장할 때 넣으면 식품의 모양이 변하지 않고 신선하게 보관할 수 있습니다. 수소는 산소와 반응하여 전기에너지를 만들어 내는데, 이때 물만 생성되고 오염 물질이 발생하지 않아 친환경 에너지로 주목받고 있습니다. 네온은 다양한 색깔의 빛을 낼 수 있어 간판이나 조명기구에 쓰입니다. 헬륨은 공기보다 가벼워서 비행선이나 풍선을 공중에 띄울 수 있게 합니다. 아르곤은 고온에서도 안정적인 성질을 가지고 있어 형광등에 들어가는 가스로 쓰입니다.

지문의 중심 내용을 요약해 보세요.

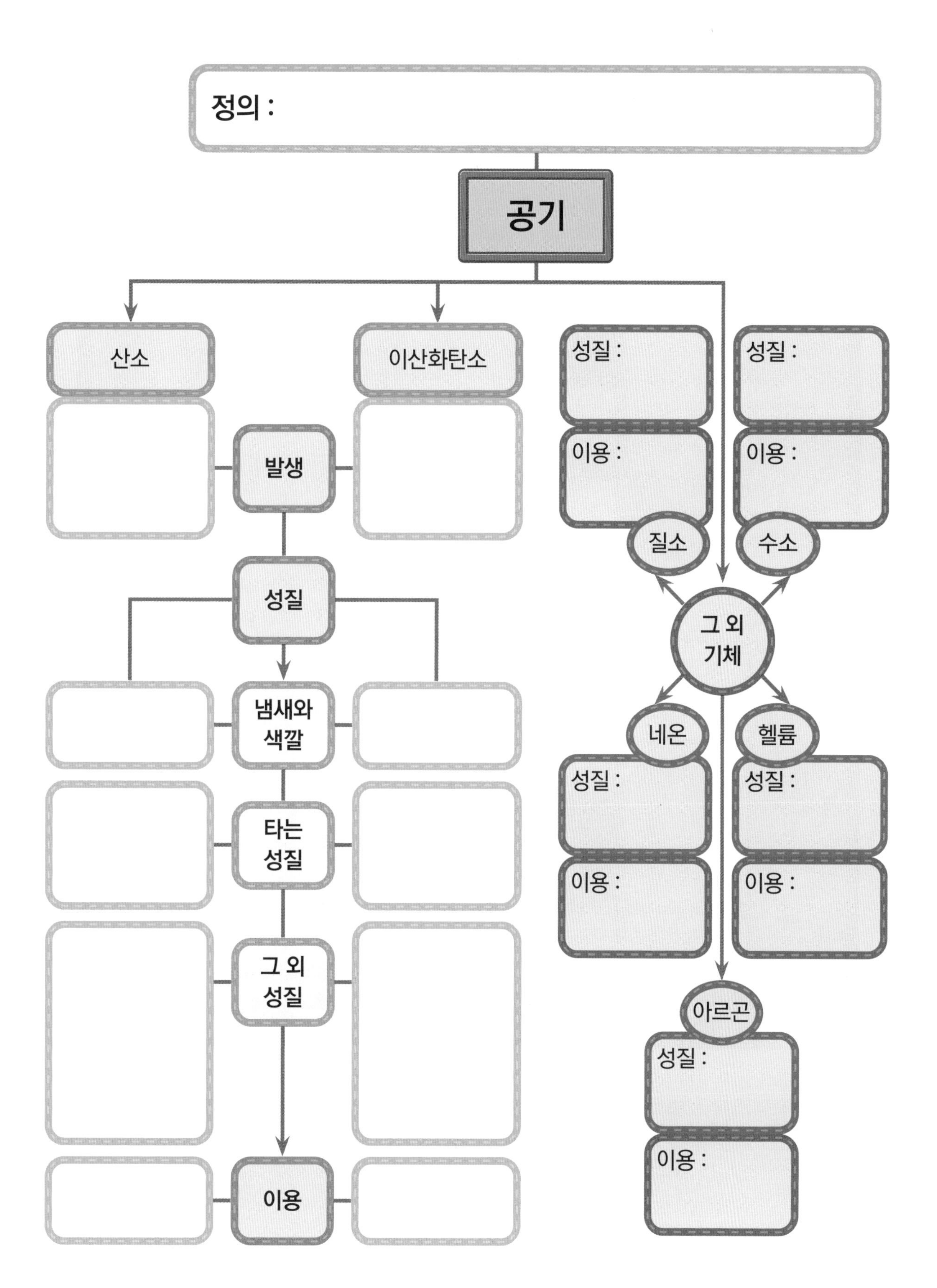

배운 내용을 말로 설명하는 과정은 내가 아는 것과 모르는 것을 구분하여 정확하게 이해하고 기억하게 해 주는 최고의 공부법이에요. 앞에 정리한 내용을 떠올리며 번호 순서대로 설명해 보세요.

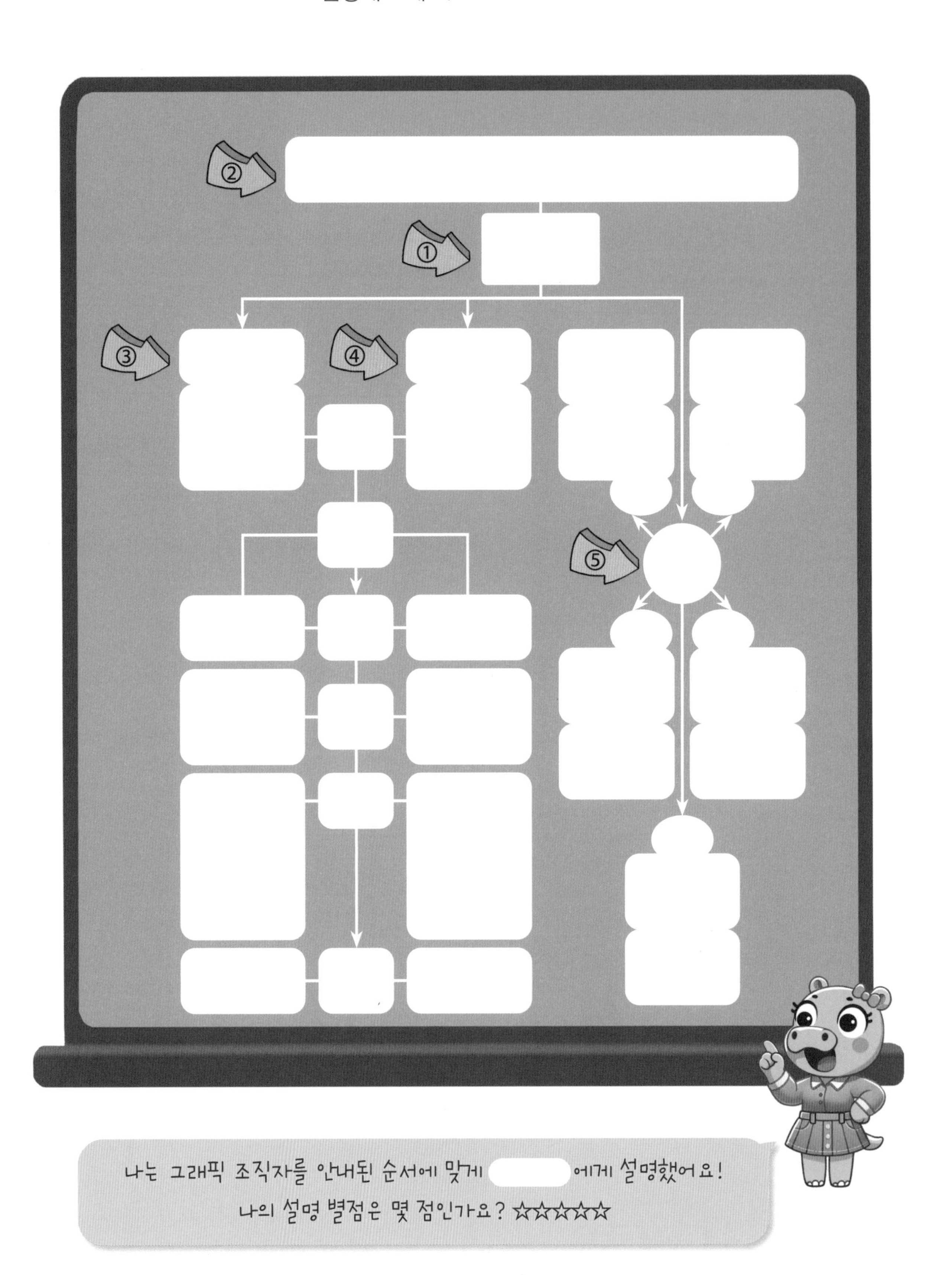

나는 그래픽 조직자를 안내된 순서에 맞게 　　　　 에게 설명했어요!
나의 설명 별점은 몇 점인가요? ☆☆☆☆☆

'싱싱 마트'가 처음 문을 여는 날이에요. 그런데 여기저기 문제가 생겼어요! 각 문제를 해결할 알맞은 기체가 무엇인지 쓰고, 각 기체의 어떤 성질이 도움이 되는지 써 보세요.

행사 풍선이 쪼그라들었어요!

풍선에 필요한 기체는 [헬륨]이다.
왜냐하면, 헬륨은 공기보다 가벼워서 비행선이나 풍선을 띄울 때 이용하기 때문이다.

간판 불빛이 나오지 않아요!

간판에 필요한 기체는 [ ]이다.
왜냐하면

과자는 눅눅하고, 탄산음료는 톡톡 쏘지 않고 설탕물처럼 달기만 해요!

과자에 필요한 기체는 [ ]이다. 왜냐하면

탄산음료에 필요한 기체는 [ ]이다. 왜냐하면

갑자기 쓰러진 직원에게 심폐소생술을 하는데, 숨을 쉬지 않아요!

숨을 쉬지 않는 직원에게 필요한 기체는 [ ]이다.
왜냐하면

환경을 생각해서 친환경 배송차로 바꿨는데, 연료가 부족해요!

친환경 배송차에 필요한 기체는 [ ]이다. 왜냐하면

온도와 압력에 따른 기체의 부피 변화를 알아볼까요?

학습 목표

온도와 압력에 따른 기체의 부피 변화를 이해할 수 있어요.

학습 완료 체크

학습이 끝난 코너는 ✓ 체크해 보세요.

- ☐ 생각 열기
- ☐ 어휘 뜻 짐작하기
- ☐ 어휘력이 쑥쑥
- ☐ 내용이 쏙쏙
- ☐ 그래픽 조직자
- ☐ 말하는 공부
- ☐ 기억 꺼내기

온도와 압력에 따른
기체의 부피 변화에 대해
하롱이와 함께
신나게 공부해 보자~

토실이의 생일 파티를 준비하던 하롱이는 고민에 빠졌어요. 어젯밤에 불어 놓은 풍선에서 바람이 빠지고 있었거든요. 한참을 고민하던 하롱이는 여러 가지 방법을 써 보기로 했어요. 어떤 풍선이 다시 부풀어 오를까요? 여러분의 생각을 이유와 함께 써 보세요.

하롱이는 풍선을 각각 다른 곳에 넣어 봤어요. 뜨거운 물이 들어 있는 수조, 얼음물이 들어 있는 수조, 탄산음료가 들어 있는 수조, 세 가지의 수조에 풍선을 넣고 관찰했어요. 그때, ______________________ 풍선이 부풀기 시작했어요.

왜냐하면 ____

____

____

________________________________ 때문에 부풀어 오르는 거지요.

❶ 아래 글을 훑어 읽으며 모르는 어휘에 □ 표시하세요.

❷ □ 표시한 어휘 가운데 선택하여 앞, 뒤 문장을 다시 읽어 보며 어휘의 뜻을 짐작하여 써 보세요.

과자 봉지가 빵빵하게 부풀어 오른 이유는 봉지 안에 질소 기체가 가득 차 있기 때문입니다. 기체는 눈에 보이지 않지만, 공간을 차지하며 이렇게 기체가 차지하는 공간의 크기를 부피라고 합니다.

기체는 온도가 높아지면 부피가 커지고, 온도가 낮아지면 부피가 작아집니다. 온도가 높아지면 기체 입자들이 더 활발하게 움직여서 서로 부딪히는 횟수가 증가하고, 그 결과 기체가 차지하는 공간인 부피가 커집니다. 반대로 온도가 낮아지면 기체 입자들의 움직임이 둔해져서 서로 부딪히는 횟수가 줄어들고, 기체가 차지하는 공간이 좁아져 부피는 작아집니다.

기체의 부피가 온도에 따라 달라지는 현상은 생활 속에서 다양하게 볼 수 있습니다. 예를 들어 전자레인지에 비닐 랩을 씌우고 음식을 데우면 윗면이 볼록하게 부풀어 오르고, 음식을 꺼내어 식히면 비닐 랩이 오목하게 들어갑니다. 이는 음식이 뜨거울 때는 기체 입자들이 활발하게 움직이면서 부피가 커지고, 음식이 식으면 기체의 움직임이 잦아들면서 부피가 작아지기 때문입니다. 또 기온이 높은 여름철에는 자전거 타이어 속 공기의 부피가 커져 평소보다 공기를 적게 넣어야 하지만, 기온이 낮은 겨울철에는 타이어 속 공기의 부피가 작아져 타이어가 찌그러지기 때문에 공기를 더 많이 넣어야 합니다.

기체에 가하는 압력이 높으면 부피가 작아지고, 압력이 낮아지면 부피는 커집니다. 압력이 높아지면 기체 입자들이 서로 더 가까워져서 움직일 공간이 줄어들고, 압력이 낮아지면 기체 입자들이 서로 멀어져서 움직일 공간이 넓어지기 때문입니다.

기체의 부피가 압력에 따라 달라지는 현상은 생활 속에서 다양하게 볼 수 있습니다. 잠수부가 내뿜는 공기 방울은 깊은 물속에 있을 때보다 수면 가까이 올라올 때 더 커집니다. 바다 깊은 곳은 물의 압력이 높아 공기 방울이 작지만, 수면 위로 올라올수록 압력이 낮아져 공기 방울이 커지기 때문입니다. 또 비행기가 하늘 높이 날고 있을 때 비행기 안에 있던 과자 봉지가 부풀어 오르는 것도 높은 곳에서는 공기의 압력이 낮아져서 과자 봉지 속 기체의 부피가 커지기 때문입니다.

❶ ☐ 표시한 어휘 중 정확한 뜻을 알고 싶은 어휘를 골라 아래에 쓰세요.

❷ 어휘 사전에서 어휘의 뜻을 찾아 이해한 뒤, 뜻을 **내 말로 정리**해 보세요.

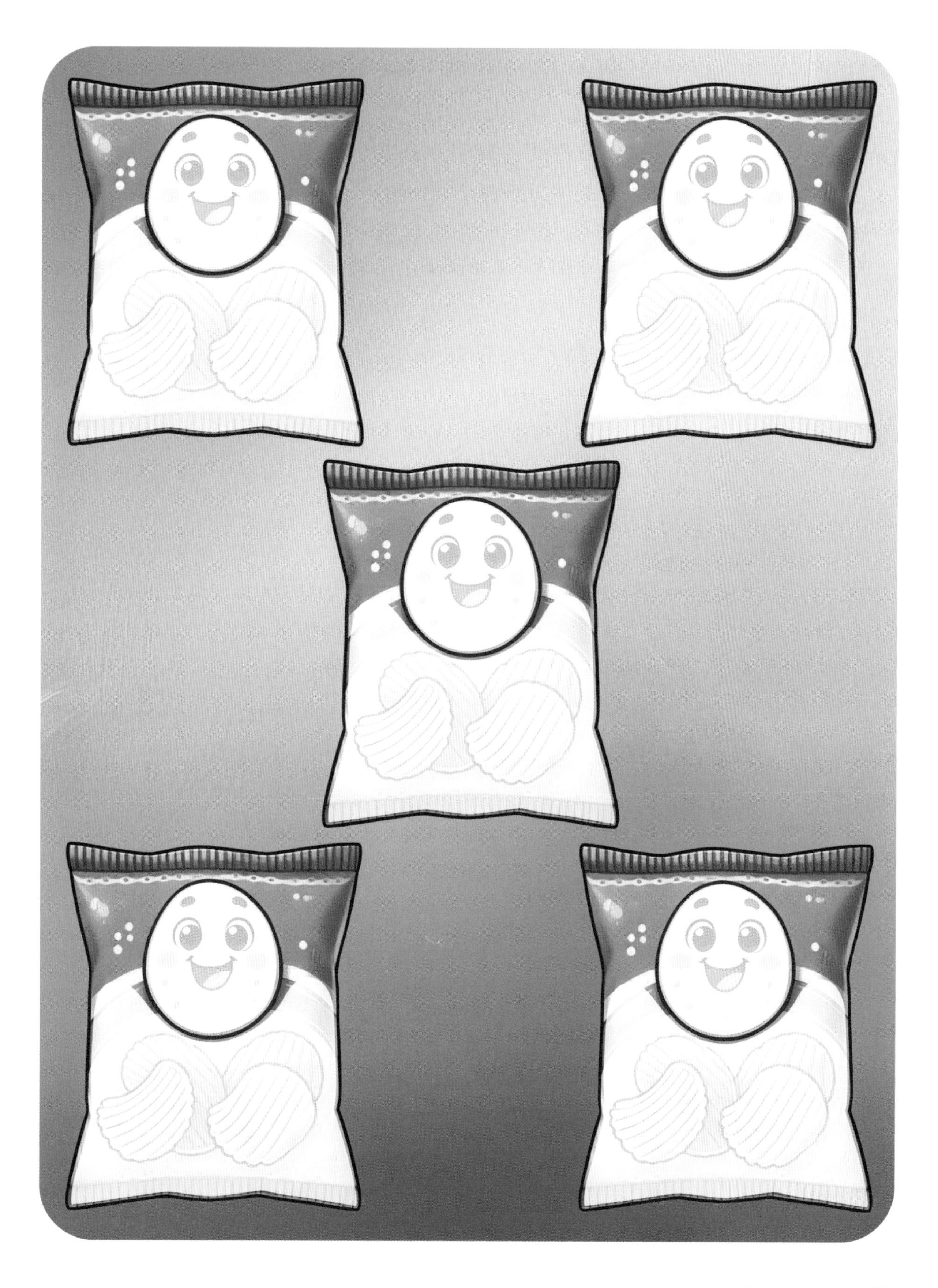

글을 읽으며 글쓴이가 중요하다고 강조하는 중심어에는 ○, 중심 문장에는 ______을 그어 보세요.

1문단
- 중심어에 ○하기
- 중심 문장에 ____긋기

1 과자 봉지가 빵빵하게 부풀어 오른 이유는 봉지 안에 질소 기체가 가득 차 있기 때문입니다. 기체는 눈에 보이지 않지만, 공간을 차지하며 이렇게 기체가 차지하는 공간의 크기를 부피라고 합니다.

2문단
- 중심어에 ○하기
- 중심 문장에 ____긋기

2 기체는 온도가 높아지면 부피가 커지고, 온도가 낮아지면 부피가 작아집니다. 온도가 높아지면 기체 입자들이 더 활발하게 움직여서 서로 부딪히는 횟수가 증가하고, 그 결과 기체가 차지하는 공간인 부피가 커집니다. 반대로 온도가 낮아지면 기체 입자들의 움직임이 둔해져서 서로 부딪히는 횟수가 줄어들고, 기체가 차지하는 공간이 좁아져 부피는 작아집니다.

3문단
- 중심어에 ○하기
- 중심 문장에 ____긋기

3 기체의 부피가 온도에 따라 달라지는 현상은 생활 속에서 다양하게 볼 수 있습니다. 예를 들어 전자레인지에 비닐 랩을 씌우고 음식을 데우면 윗면이 볼록하게 부풀어 오르고, 음식을 꺼내어 식히면 비닐 랩이 오목하게 들어갑니다. 이는 음식이 뜨거울 때는 기체 입자들이 활발하게 움직이면서 부피가 커지고, 음식이 식으면 기체의 움직임이 잦아들면서 부피가 작아지기 때문입니다. 또 기온이 높은 여름철에는 자전거 타이어 속 공기의 부피가 커져 평소보다 공기를 적게 넣어야 하지만, 기온이 낮은 겨울철에는 타이어 속 공기의 부피가 작아져 타이어가 찌그러지기 때문에 공기를 더 많이 넣어야 합니다.

4문단
- 중심어에 ○하기
- 중심 문장에 ____긋기

4 기체에 가하는 압력이 높으면 부피가 작아지고, 압력이 낮아지면 부피는 커집니다. 압력이 높아지면 기체 입자들이 서로 더 가까워져서 움직일 공간이 줄어들고, 압력이 낮아지면 기체 입자들이 서로 멀어져서 움직일 공간이 넓어지기 때문입니다.

5문단
- 중심어에 ○하기
- 중심 문장에 ____긋기

5 기체의 부피가 압력에 따라 달라지는 현상은 생활 속에서 다양하게 볼 수 있습니다. 잠수부가 내뿜는 공기 방울은 깊은 물속에 있을 때보다 수면 가까이 올라올 때 더 커집니다. 바다 깊은 곳은 물의 압력이 높아 공기 방울이 작지만, 수면 위로 올라올수록 압력이 낮아져 공기 방울이 커지기 때문입니다. 또 비행기가 하늘 높이 날고 있을 때 비행기 안에 있던 과자 봉지가 부풀어 오르는 것도 높은 곳에서는 공기의 압력이 낮아져서 과자 봉지 속 기체의 부피가 커지기 때문입니다.

지문의 중심 내용을 요약해 보세요.

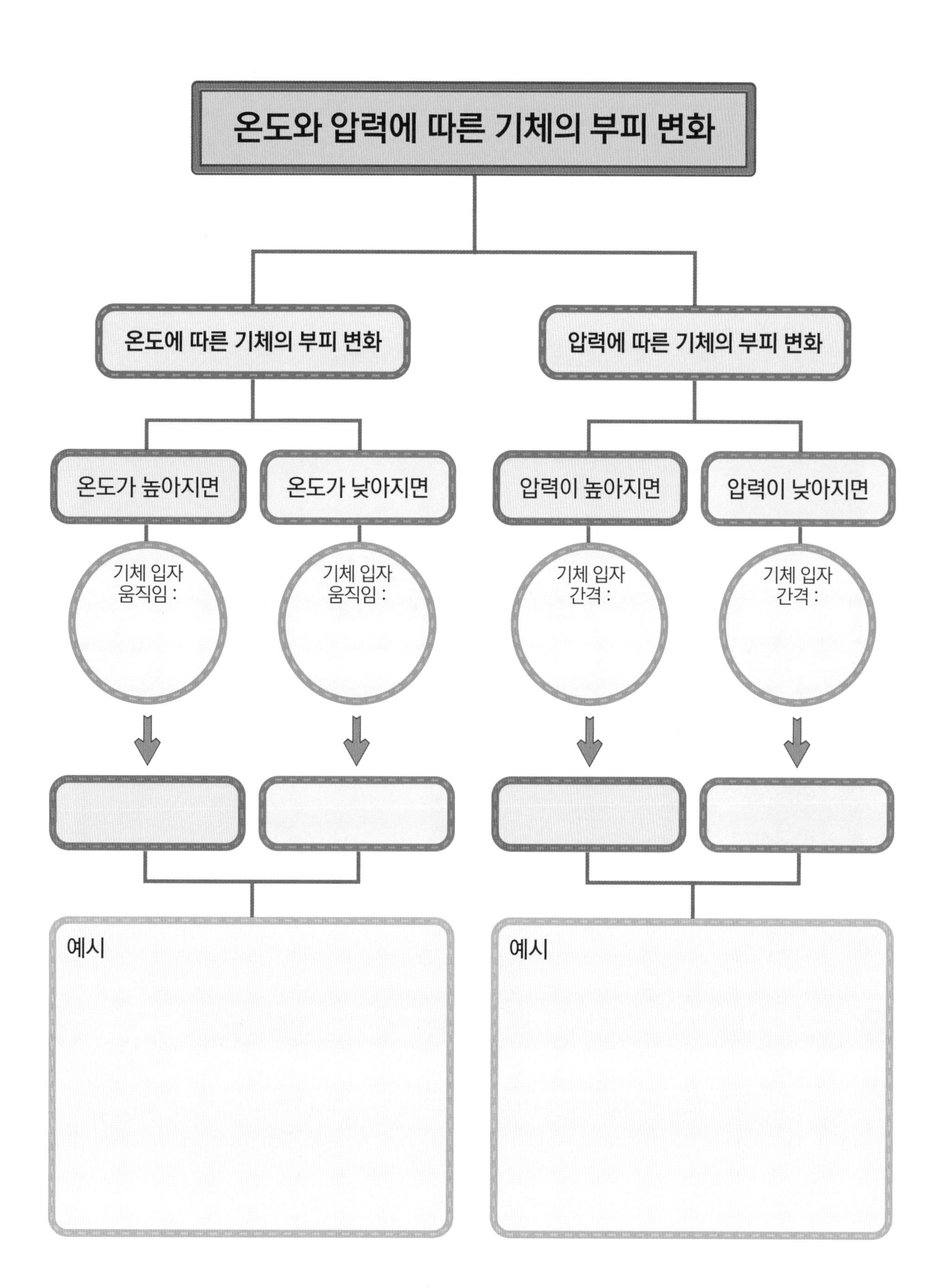

배운 내용을 말로 설명하는 과정은 내가 아는 것과 모르는 것을 구분하여 정확하게 이해하고 기억하게 해 주는 최고의 공부법이에요. 앞에 정리한 내용을 떠올리며 번호 순서대로 설명해 보세요.

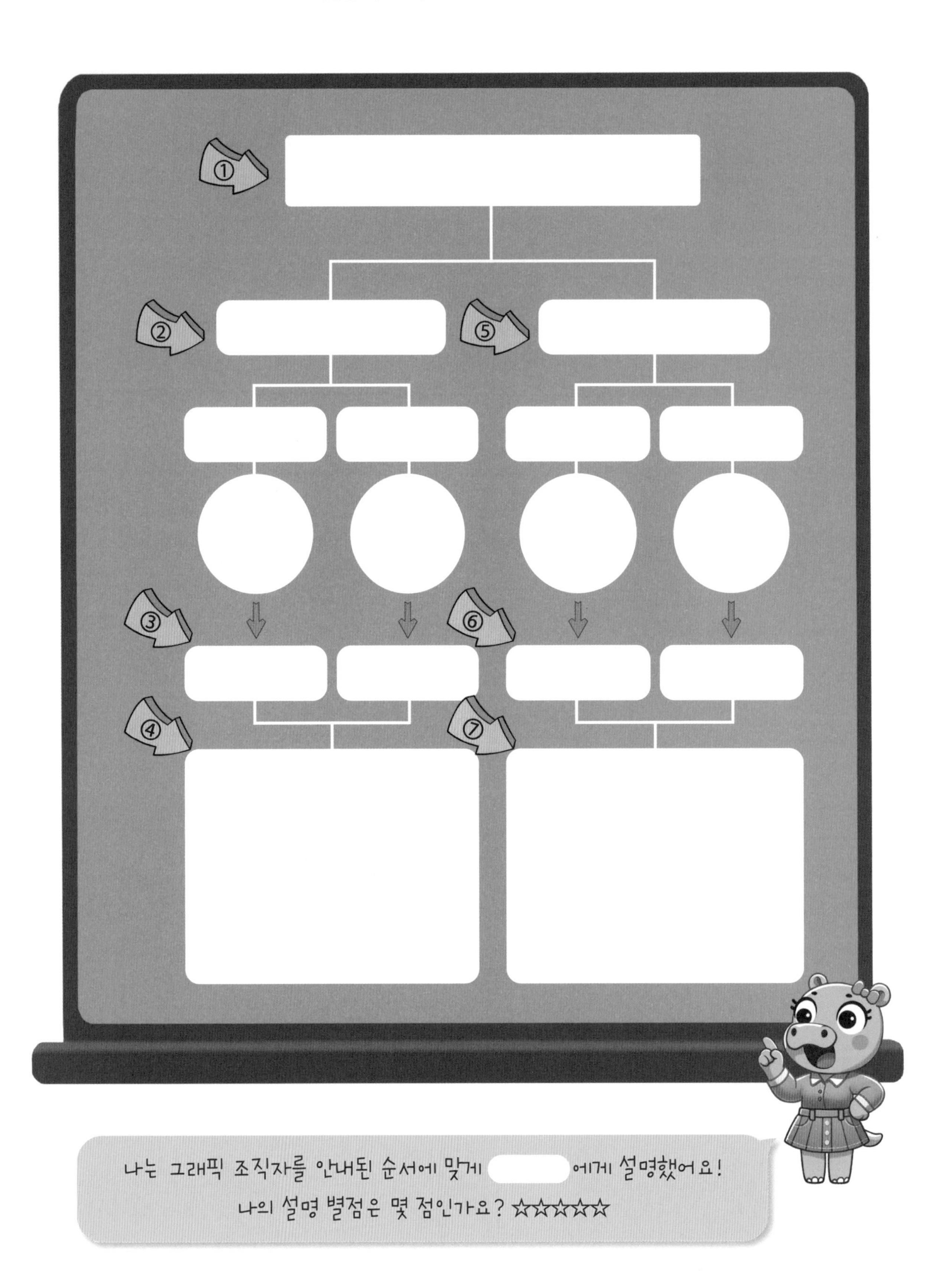

나는 그래픽 조직자를 안내된 순서에 맞게 ______ 에게 설명했어요!
나의 설명 별점은 몇 점인가요? ☆☆☆☆☆

사람들은 어려운 일이 생기면 언제나 우리의 히어로 하롱맨을 불러요. 그러면 하롱맨은 쏜살같이 달려와 문제를 해결해 주지요. 하롱맨이 문제를 어떻게 해결했을까요? 앞에서 배운 온도와 압력에 따른 기체의 변화를 생각하여 답을 써 보세요.

부여 여행의 마지막날에 열기구 체험을 할 수 있다니 정말 꿈만 같아요. 꺅! 그런데 어쩌면 좋아요! 열기구 조종사가 배를 움켜잡으며 쓰러졌어요. 갑자기 열기구가 급하강하고 있는데 밑에는 강이에요. 열기구는 어떻게 조종하는 거죠? 얼른 이곳을 벗어나 안전하게 착륙하고 싶어요. 살려 줘요, 하롱맨!

혜인

하롱맨

열기구가 하강하는 긴박한 상황이니 먼저 열기구가 올라가는 방법을 알려 줄게요! 열기구 가열 장치의 불을 더 세게 켜서 열기구 안 공기의 온도를 ____________ 열기구가 올라갑니다. 그리고 착륙하려면 가열 장치의 불을 서서히 줄여 열기구 안 공기의 온도를 천천히 ____________ 착륙할 수 있습니다. 혜인 양, 이제 열기구를 조종해 볼까요?

비행기 승객

꺄악, 어디선가 '펑' 하고 뭔가 터지는 소리가 났어요. 도와줘요, 하롱맨! 너무 무서워요.

과자 봉지

선물 상자

포도주 병

모두 진정하세요. 제가 당장 확인해 보겠습니다. 흠... 이 폭발음은 위 세 가지 중에서 ____________ 입니다.
왜냐하면 ______________________________
______________________________ 때문입니다.

하롱맨

풍선 아래 달린 어휘 뜻을 차례대로 읽으며, 알맞은 어휘를 아래 빈칸에 정리해 보세요. 이때 풍선의 번호와 일치하는 칸에 어휘를 쓴 뒤 점수를 계산해 보세요.

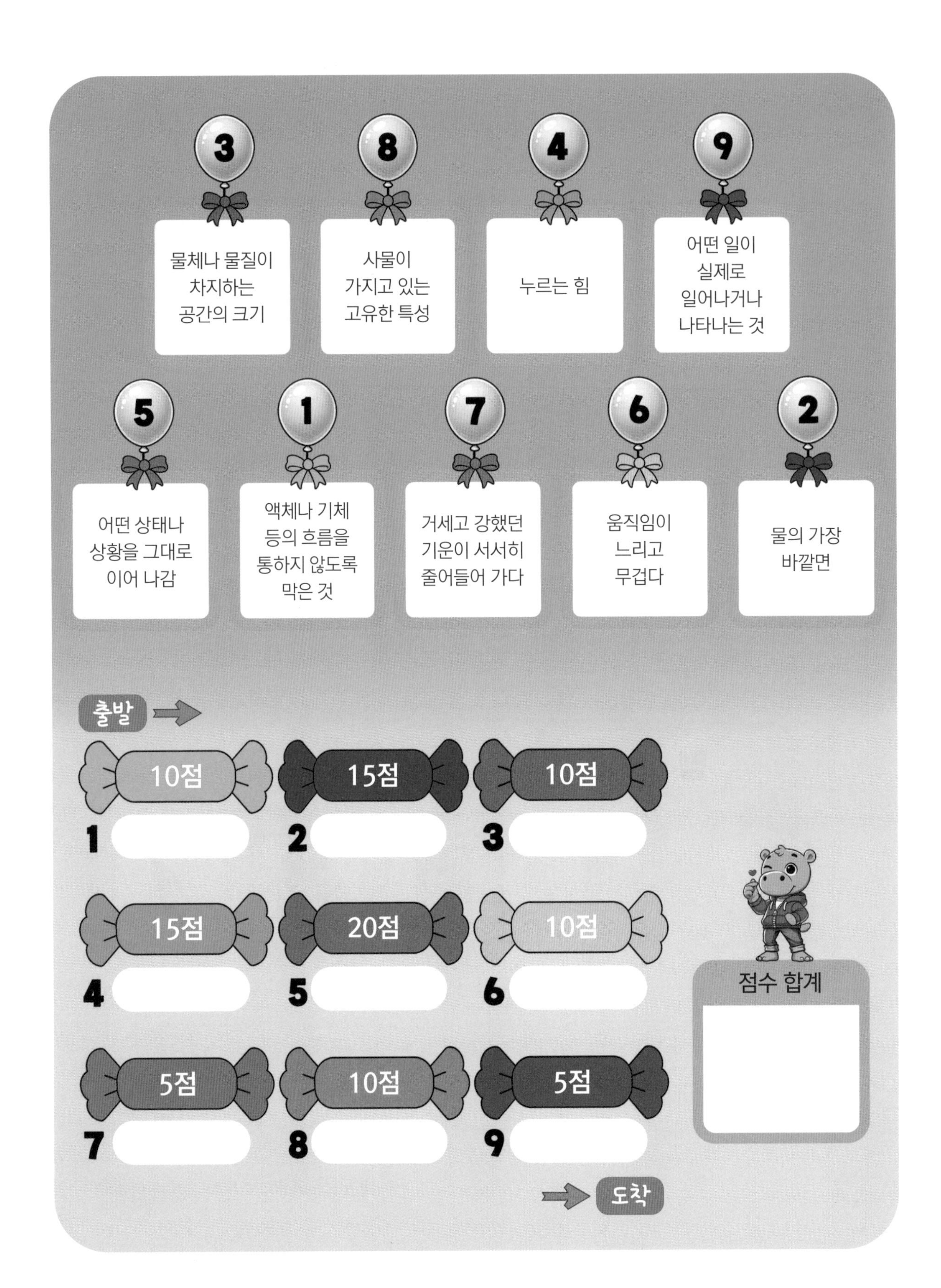

구독자 수 10만 너튜버 과학 보이가 특별한 도전을 하게 되었어요. 아래 세 가지 실험 재료 중에서 하나를 고른 뒤 너튜브 실험 대본을 완성해 보세요. 실험 대본에는 실험 과정과 기체의 성질을 정리해야 해요. 각 단계를 성공하면 구독자 수가 20만씩 늘어난다고 해요. 실험 대본 2단계를 완성해서 50만 너튜버가 되어 보세요.

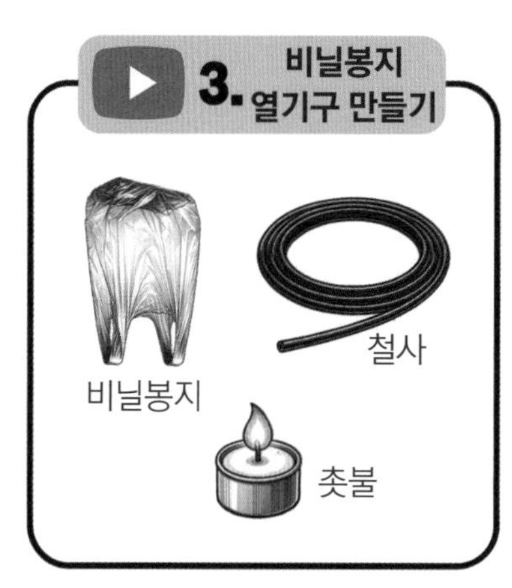

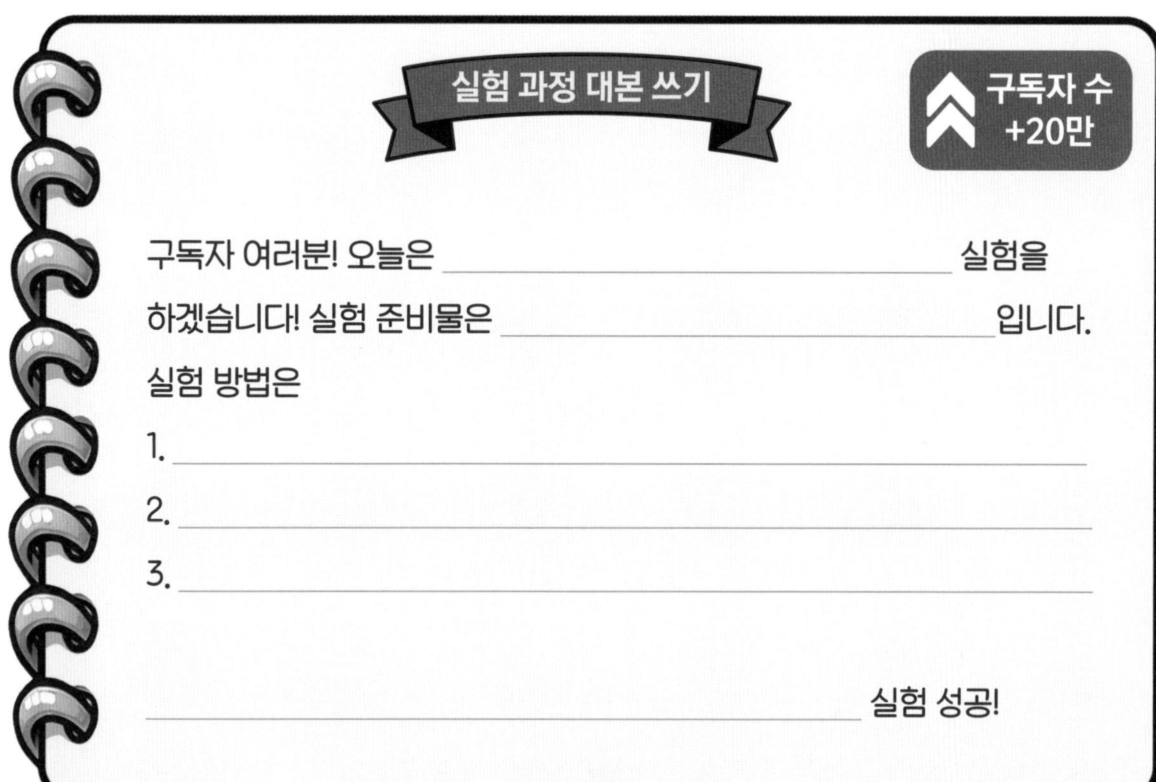

실험 과정 대본 쓰기

구독자 수 +20만

구독자 여러분! 오늘은 ______________________ 실험을 하겠습니다! 실험 준비물은 ______________________ 입니다.

실험 방법은

1. ______________________
2. ______________________
3. ______________________

______________________ 실험 성공!

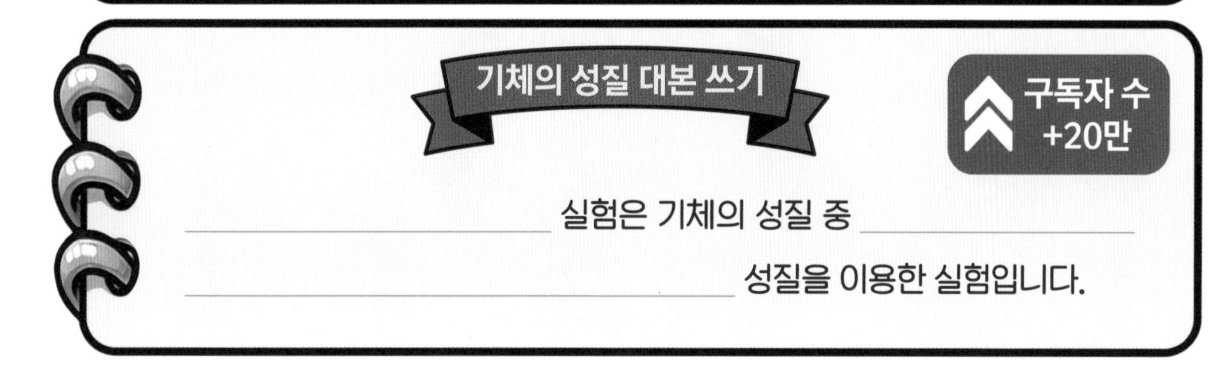

기체의 성질 대본 쓰기

구독자 수 +20만

______________ 실험은 기체의 성질 중 ______________ ______________________ 성질을 이용한 실험입니다.

4 단원

식물의 구조와 기능

01 식물의 뿌리, 줄기, 잎의 구조와 기능은 무엇일까요?

02 식물의 꽃과 열매의 구조와 기능은 무엇일까요?

식물의 뿌리, 줄기, 잎의 구조와 기능은 무엇일까요?

학습 목표

생물을 이루는 세포의 특징 및 식물의 뿌리, 줄기, 잎의 생김새와 역할을 이해할 수 있어요.

학습 완료 체크

학습이 끝난 코너는 ✓ 체크해 보세요.

- ☐ 생각 열기
- ☐ 어휘 뜻 짐작하기
- ☐ 어휘력이 쑥쑥
- ☐ 내용이 쏙쏙
- ☐ 그래픽 조직자
- ☐ 말하는 공부
- ☐ 기억 꺼내기

요리사 하롱이는 '최고의 마라탕 요리경연 대회'에 참가했어요. 요리를 시작하려면 경연 주제에 맞게 채소를 각각 두 개씩 냄비에 넣어야 해요. 응원하러 온 친구들의 초성 힌트를 참고하여 나머지 채소를 알맞게 적어 보세요.

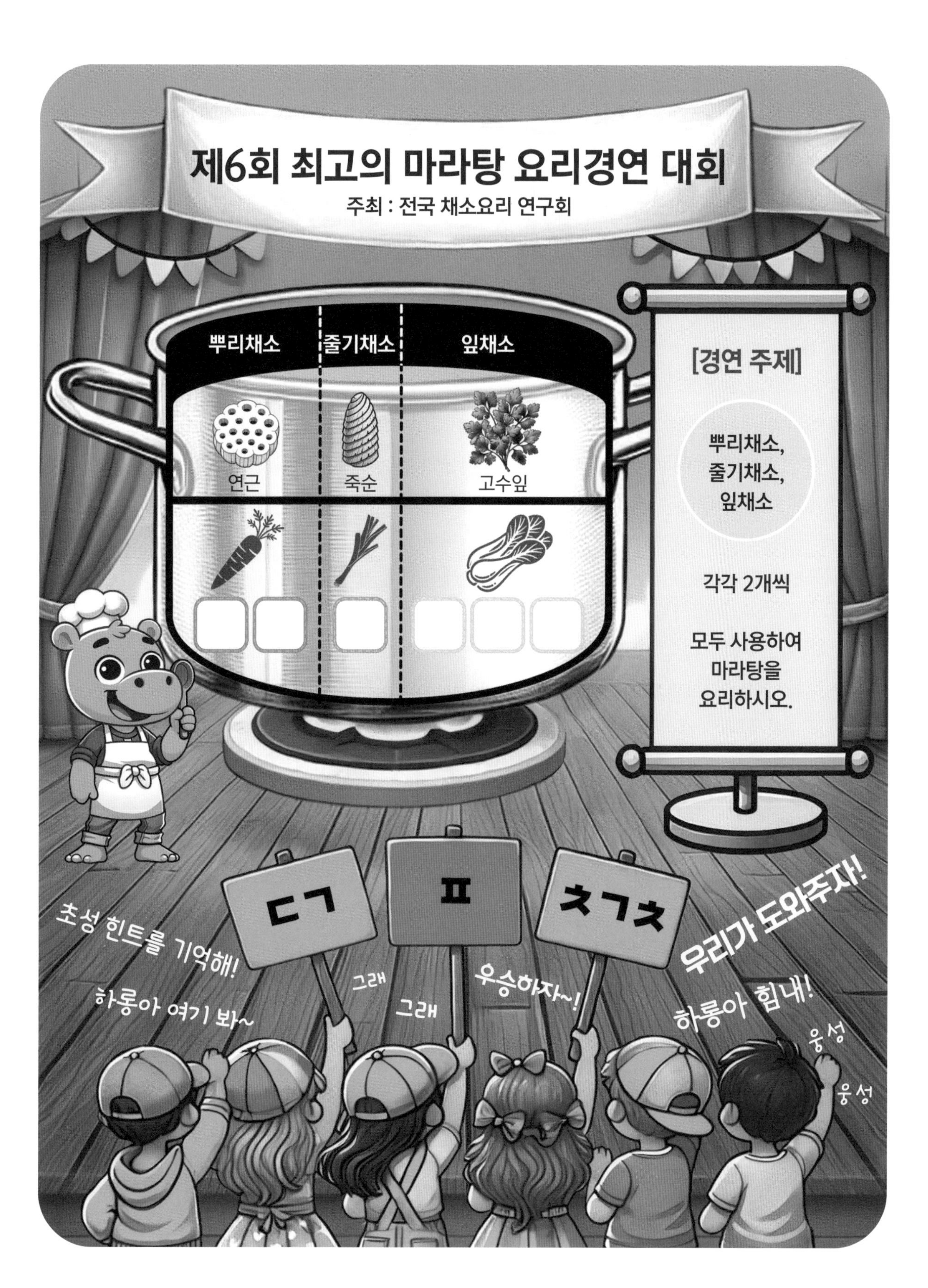

❶ 아래 글을 훑어 읽으며 모르는 어휘에 □ 표시하세요.

❷ □ 표시한 어휘 가운데 선택하여 앞, 뒤 문장을 다시 읽어 보며 어휘의 뜻을 짐작하여 써 보세요.

동물과 식물은 아주 작은 세포로 이루어져 있으며, 이 세포들은 크기와 모양이 다양합니다. 대부분 세포는 너무 작아 현미경을 이용하여 관찰할 수 있습니다. 세포는 가운데 핵이 있고, 세포막으로 둘러싸여 있습니다. 식물 세포는 세포막 외에 세포벽이 있지만, 동물 세포에는 세포벽이 없습니다.

우리 주변의 식물은 뿌리, 줄기, 잎 그리고 꽃과 열매로 이루어져 있고, 각 부분은 하는 일이 모두 다릅니다. 식물의 뿌리는 대부분 땅속에서 자라며, 생김새에 따라 '곧은 뿌리'와 '수염뿌리'로 나뉩니다. 곧은 뿌리는 배추나 해바라기처럼 가운데 굵은 뿌리에서 여러 개의 가는 뿌리가 납니다. 수염뿌리는 파나 옥수수처럼 비슷한 굵기의 뿌리가 수염처럼 나 있습니다. 뿌리는 땅속으로 깊게 뻗어 식물이 쓰러지지 않도록 지탱해 주며, 뿌리털은 물을 잘 흡수하는 데 도움을 줍니다. 또한, 무와 고구마처럼 뿌리에 양분을 저장하는 식물도 있습니다.

식물의 줄기는 대부분 땅 위로 길게 자라며, 아래쪽은 뿌리와 연결되어 있고 위쪽에는 잎이 붙어 있습니다. 줄기는 주로 소나무처럼 곧게 자라지만, 고구마처럼 땅 위를 기어가듯 뻗거나, 담쟁이덩굴처럼 다른 식물을 감싸며 올라가기도 합니다. 줄기는 안에 있는 통로를 통해 뿌리에서 흡수한 물과 잎에서 만든 양분을 식물 전체로 이동시킵니다. 남은 양분은 감자와 토란처럼 줄기에 저장하기도 합니다. 또 줄기의 껍질은 해충이나 세균으로부터 식물을 보호하고, 추위와 더위로부터도 지켜 줍니다.

식물의 잎은 납작한 잎몸이 잎자루와 연결되어 줄기에 붙어 있습니다. 잎몸에는 가는 선인 잎맥이 퍼져 있습니다. 잎은 광합성 작용을 하여 스스로 양분을 만들어 냅니다. 이때 뿌리에서 흡수한 물, 공기 중의 이산화탄소, 그리고 햇빛을 이용합니다. 잎에서 만든 양분은 녹말로 저장되었다가 다른 형태로 바뀌어 식물 전체로 이동합니다. 또한 잎은 증산작용을 하여, 양분을 만들고 남은 물을 잎 표면으로 내보냅니다. 이때 물은 수증기가 되어 잎 표면에 있는 '기공'을 통해 밖으로 나갑니다. 기공은 물과 공기가 드나드는 작은 구멍으로, 주로 낮에 열리고 밤에 닫힙니다. 잎의 증산작용은 뿌리에서 흡수한 물이 식물 전체로 이동하도록 도와주고, 식물의 수분을 일정하게 유지하여 온도를 조절합니다.

❶ ☐ 표시한 어휘 중 정확한 뜻을 알고 싶은 어휘를 골라 아래에 쓰세요.

❷ 어휘 사전에서 어휘의 뜻을 찾아 이해한 뒤, 뜻을 **내 말로 정리**해 보세요.

글을 읽으며 글쓴이가 중요하다고 강조하는 중심어에는 ○, 중심 문장에는 ______을 그어 보세요.

1문단
- 중심어에 ○하기
- 중심 문장에 ____긋기

1 동물과 식물은 아주 작은 세포로 이루어져 있으며, 이 세포들은 크기와 모양이 다양합니다. 대부분 세포는 너무 작아 현미경을 이용하여 관찰할 수 있습니다. 세포는 가운데 핵이 있고, 세포막으로 둘러싸여 있습니다. 식물 세포는 세포막 외에 세포벽이 있지만, 동물 세포에는 세포벽이 없습니다.

2문단
- 중심어에 ○하기
- 제목 붙이기
  [뿌리의 생김새]
- [뿌리가 하는 일]에 ❶~❸ 번호로 구분하기

2 우리 주변의 식물은 뿌리, 줄기, 잎 그리고 꽃과 열매로 이루어져 있고, 각 부분은 하는 일이 모두 다릅니다. 식물의 뿌리는 대부분 땅속에서 자라며, 생김새에 따라 '곧은 뿌리'와 '수염뿌리'로 나뉩니다. 곧은 뿌리는 배추나 해바라기처럼 가운데 굵은 뿌리에서 여러 개의 가는 뿌리가 납니다. 수염뿌리는 파나 옥수수처럼 비슷한 굵기의 뿌리가 수염처럼 나 있습니다. 뿌리는 땅속으로 깊게 뻗어 식물이 쓰러지지 않도록 지탱해 주며, 뿌리털은 물을 잘 흡수하는 데 도움을 줍니다. 또한, 무와 고구마처럼 뿌리에 양분을 저장하는 식물도 있습니다.

3문단
- 중심어에 ○하기
- 제목 붙이기
  [ ]
- [ ]에 ❶~❸ 번호로 구분하기

3 식물의 줄기는 대부분 땅 위로 길게 자라며, 아래쪽은 뿌리와 연결되어 있고 위쪽에는 잎이 붙어 있습니다. 줄기는 주로 소나무처럼 곧게 자라지만, 고구마처럼 땅 위를 기어가듯 뻗거나, 담쟁이덩굴처럼 다른 식물을 감싸며 올라가기도 합니다. 줄기는 안에 있는 통로를 통해 뿌리에서 흡수한 물과 잎에서 만든 양분을 식물 전체로 이동시킵니다. 남은 양분은 감자와 토란처럼 줄기에 저장하기도 합니다. 또 줄기의 껍질은 해충이나 세균으로부터 식물을 보호하고, 추위와 더위로부터도 지켜 줍니다.

4문단
- 중심어에 ○하기
- 제목 붙이기
  [ ]
- [ ]에 ❶~❷ 번호로 구분하기

4 식물의 잎은 납작한 잎몸이 잎자루와 연결되어 줄기에 붙어 있습니다. 잎몸에는 가는 선인 잎맥이 퍼져 있습니다. 잎은 광합성 작용을 하여 스스로 양분을 만들어 냅니다. 이때 뿌리에서 흡수한 물, 공기 중의 이산화탄소, 그리고 햇빛을 이용합니다. 잎에서 만든 양분은 녹말로 저장되었다가 다른 형태로 바뀌어 식물 전체로 이동합니다. 또한 잎은 증산작용을 하여, 양분을 만들고 남은 물을 잎 표면으로 내보냅니다. 이때 물은 수증기가 되어 잎 표면에 있는 '기공'을 통해 밖으로 나갑니다. 기공은 물과 공기가 드나드는 작은 구멍으로, 주로 낮에 열리고 밤에 닫힙니다. 잎의 증산작용은 뿌리에서 흡수한 물이 식물 전체로 이동하도록 도와주고, 식물의 수분을 일정하게 유지하여 온도를 조절합니다.

지문의 중심 내용을 요약해 보세요.

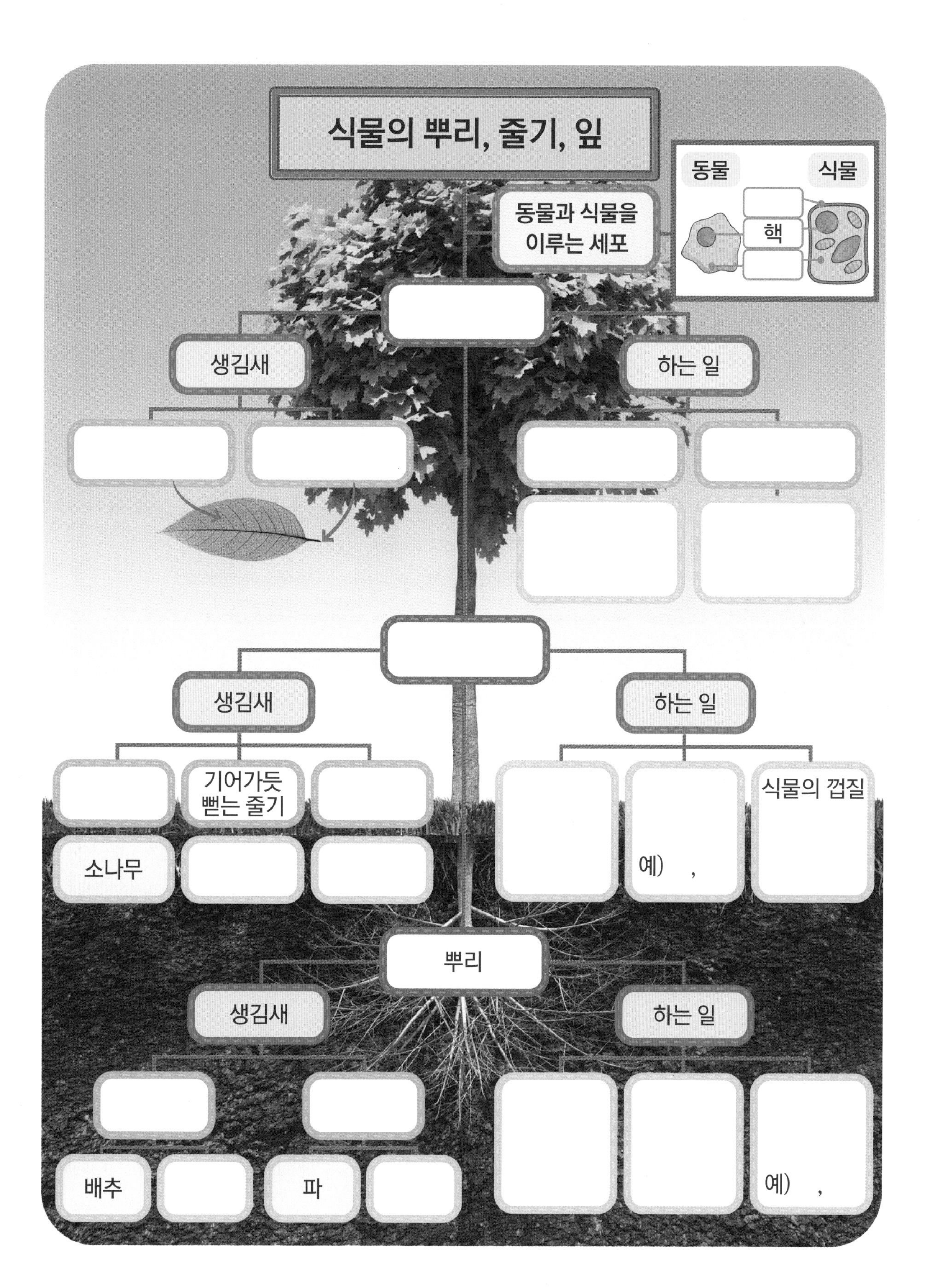

배운 내용을 말로 설명하는 과정은 내가 아는 것과 모르는 것을 구분하여 정확하게 이해하고 기억하게 해 주는 최고의 공부법이에요. 앞에 정리한 내용을 떠올리며 번호 순서대로 설명해 보세요.

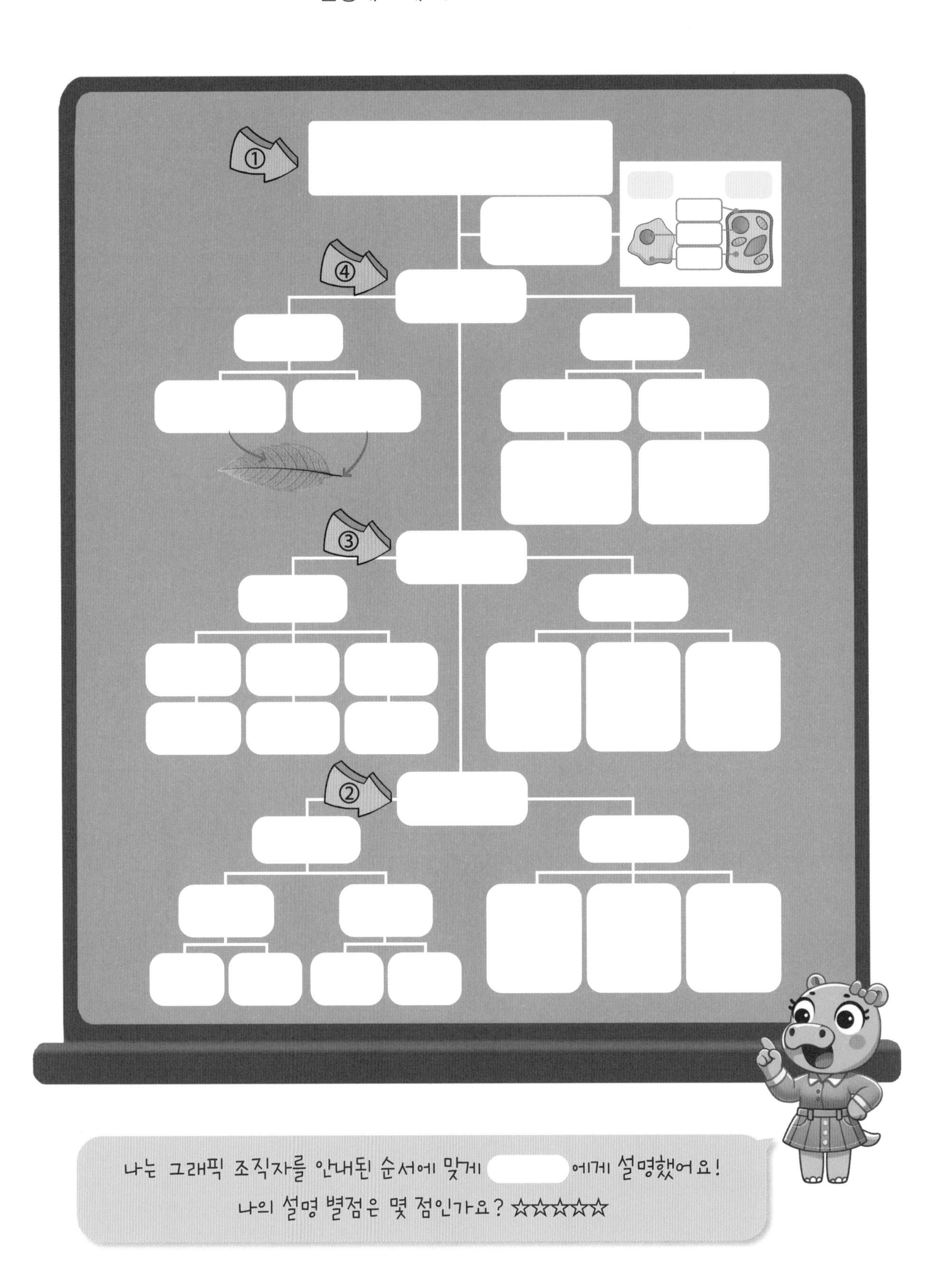

나는 그래픽 조직자를 안내된 순서에 맞게 ________ 에게 설명했어요!
나의 설명 별점은 몇 점인가요? ☆☆☆☆☆

하롱이의 동생 하미가 퀴즈를 내고 갔어요. 각 도형에 들어갈 말을 적으면 맛있는 간식을 준다고 하네요. 간식이 먹고 싶어 고민 중인 하롱이를 도와주세요. 뿌리, 줄기, 잎이 하는 일을 생각하면서 각각의 도형이 의미하는 것이 무엇인지 풀어 볼까요?

오빠! 내가 식물에 대해 퀴즈를 낼게.
다 맞히면 간식을 줄 거야!!
힌트! 같은 모양의 도형에 들어가는 말은 같아.

1. 뿌리가 하는 일 = ● 흡수
2. 줄기가 하는 일 = ▲ + ● 이동
3. 잎이 하는 일 = ▲ 만들기
4. ● + 이산화탄소 + 햇빛 = ▲
   → 이 과정을 ■ 이라 함
5. 잎에서 ● 이 증발함 = ★ 작용

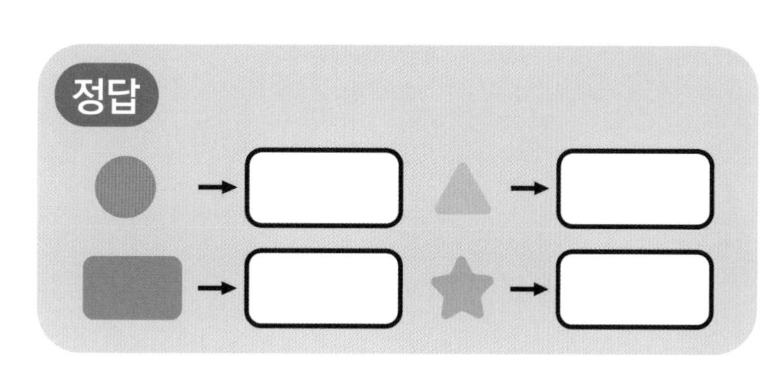

식물의 꽃과 열매의 구조와 기능은 무엇일까요?

학습 목표

꽃의 생김새와 하는 일, 씨가 퍼지는 방법에 대해
이해할 수 있어요.

학습 완료 체크

학습이 끝난 코너는 ✓ 체크해 보세요.

- ☐ 생각 열기
- ☐ 어휘 뜻 짐작하기
- ☐ 어휘력이 쑥쑥
- ☐ 내용이 쏙쏙
- ☐ 그래픽 조직자
- ☐ 말하는 공부
- ☐ 기억 꺼내기

꽃의 생김새와 하는 일,
씨가 퍼지는 방법에 대해
하롱이와 함께
신나게 공부해 보자~

하롱이가 신문을 읽고 있어요. 그런데 신문을 읽다가 궁금증이 생겼어요. 그때 책을 많이 읽는 똑쟁이 하미가 하롱이에게 설명해 주네요. 여러분이 하미가 되어서 정답을 알려 주세요.

❶ 아래 글을 훑어 읽으며 모르는 어휘에 □ 표시하세요.

❷ □ 표시한 어휘 가운데 선택하여 앞, 뒤 문장을 다시 읽어 보며 어휘의 뜻을 짐작하여 써 보세요.

꽃은 식물의 종류에 따라 크기, 모양, 색깔 등이 서로 다르지만 대부분 꽃받침, 꽃잎, 수술, 암술로 이루어져 있습니다. 그러나 튤립이나 옥수수처럼 꽃에 꽃받침, 꽃잎, 수술, 암술 중 일부가 없는 식물도 있습니다.

꽃은 꽃가루받이(수분)를 통해서 씨를 만드는 일을 합니다. 씨를 만들기 위해 꽃받침은 꽃잎을 받치고 보호하며, 꽃잎은 암술과 수술을 보호하고 곤충을 유인합니다. 수술은 꽃가루를 만들어 내고, 이것을 바람이나 곤충, 새, 물 등이 암술에 옮깁니다. 이렇게 꽃가루받이가 이루어지면 암술에서 씨가 만들어집니다. 대부분 꽃은 꽃 안에 암술과 수술이 같이 있지만, 호박꽃처럼 암꽃과 수꽃이 따로 피는 것도 있습니다.

꽃가루받이가 이루어지면 꽃잎이 시들면서 암술에서 씨가 생깁니다. 씨를 감싸고 있는 암술 일부나 꽃받침 등이 씨와 함께 자라 열매가 됩니다. 열매는 어린 씨를 보호하고, 씨가 익으면 멀리 퍼뜨리는 역할을 합니다.

식물이 씨를 멀리 퍼뜨리는 방법은 다양합니다. 단풍나무와 민들레처럼 바람에 날려 퍼지기도 하고, 도꼬마리처럼 동물의 털에 붙어서 씨가 퍼지기도 합니다. 연꽃의 씨는 물 위에 떨어져 물살을 따라 이동하며 퍼집니다. 또한 강낭콩처럼 열매가 터져서 씨가 퍼지기도 하며, 사과나 머루처럼 맛있는 열매는 동물이 먹은 후 배설하여 씨가 퍼집니다.

사람들은 식물의 씨가 퍼지는 방법을 활용하여 생활에 필요한 발명품을 만들었습니다. 얇고 납작한 단풍나무 열매가 바람을 타고 돌다가 퍼지며 떨어지는 것을 보고 프로펠러를 발명하였습니다. 또한 민들레 씨가 멀리 날아간 후 천천히 땅에 떨어지는 것을 보며 낙하산을 발명하기도 하였습니다. 갈고리 모양의 가시를 가진 도꼬마리가 동물의 털에 붙어 씨를 퍼뜨리는 것을 보고는 '찍찍이'를 만들었습니다. 이와 같이 생체 모방 기술을 이용한 발명품들은 우리의 삶을 편리하게 해 줍니다.

❶ □ 표시한 어휘 중 정확한 뜻을 알고 싶은 어휘를 골라 아래에 쓰세요.

❷ 어휘 사전에서 어휘의 뜻을 찾아 이해한 뒤, 뜻을 **내 말로 정리**해 보세요.

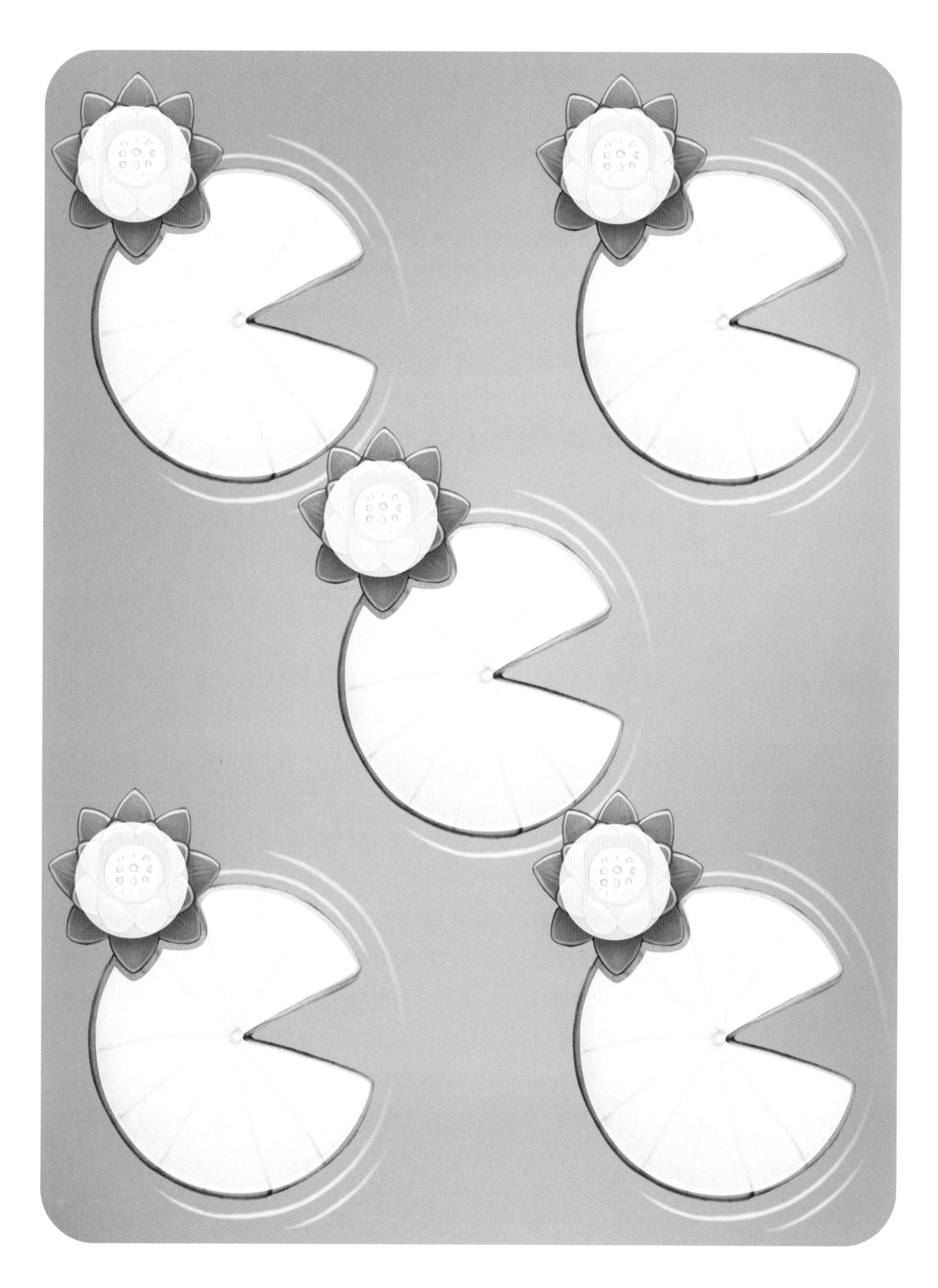

글을 읽으며 글쓴이가 중요하다고 강조하는 중심어에는 ◯, 중심 문장에는 ______을 그어 보세요.

1문단
- 중심어에 ○하기
- 중심 문장에 ____긋기

1 꽃은 식물의 종류에 따라 크기, 모양, 색깔 등이 서로 다르지만 대부분 꽃받침, 꽃잎, 수술, 암술로 이루어져 있습니다. 그러나 튤립이나 옥수수처럼 꽃에 꽃받침, 꽃잎, 수술, 암술 중 일부가 없는 식물도 있습니다.

2문단
- 중심어에 ○하기
- 중심 문장에 ____긋기

2 꽃은 꽃가루받이(수분)를 통해서 씨를 만드는 일을 합니다. 씨를 만들기 위해 꽃받침은 꽃잎을 받치고 보호하며, 꽃잎은 암술과 수술을 보호하고 곤충을 유인합니다. 수술은 꽃가루를 만들어 내고, 이것을 바람이나 곤충, 새, 물 등이 암술에 옮깁니다. 이렇게 꽃가루받이가 이루어지면 암술에서 씨가 만들어집니다. 대부분 꽃은 꽃 안에 암술과 수술이 같이 있지만, 호박꽃처럼 암꽃과 수꽃이 따로 피는 것도 있습니다.

3문단
- 제목 붙이기
[ ]

3 꽃가루받이가 이루어지면 꽃잎이 시들면서 암술에서 씨가 생깁니다. 씨를 감싸고 있는 암술 일부나 꽃받침 등이 씨와 함께 자라 열매가 됩니다. 열매는 어린 씨를 보호하고, 씨가 익으면 멀리 퍼뜨리는 역할을 합니다.

4문단
- 중심어에 ○하기
- 중심 문장에 ____긋기

4 식물이 씨를 멀리 퍼뜨리는 방법은 다양합니다. 단풍나무와 민들레처럼 바람에 날려 퍼지기도 하고, 도꼬마리처럼 동물의 털에 붙어서 씨가 퍼지기도 합니다. 연꽃의 씨는 물 위에 떨어져 물살을 따라 이동하며 퍼집니다. 또한 강낭콩처럼 열매가 터져서 씨가 퍼지기도 하며, 사과나 머루처럼 맛있는 열매는 동물이 먹은 후 배설하여 씨가 퍼집니다.

5문단
- 중심어에 ○하기
- 중심 문장에 ____긋기

5 사람들은 식물의 씨가 퍼지는 방법을 활용하여 생활에 필요한 발명품을 만들었습니다. 얇고 납작한 단풍나무 열매가 바람을 타고 돌다가 퍼지며 떨어지는 것을 보고 프로펠러를 발명하였습니다. 또한 민들레 씨가 멀리 날아간 후 천천히 땅에 떨어지는 것을 보며 낙하산을 발명하기도 하였습니다. 갈고리 모양의 가시를 가진 도꼬마리가 동물의 털에 붙어 씨를 퍼뜨리는 것을 보고는 '찍찍이'를 만들었습니다. 이와 같이 생체 모방 기술을 이용한 발명품들은 우리의 삶을 편리하게 해 줍니다.

지문의 중심 내용을 요약해 보세요.

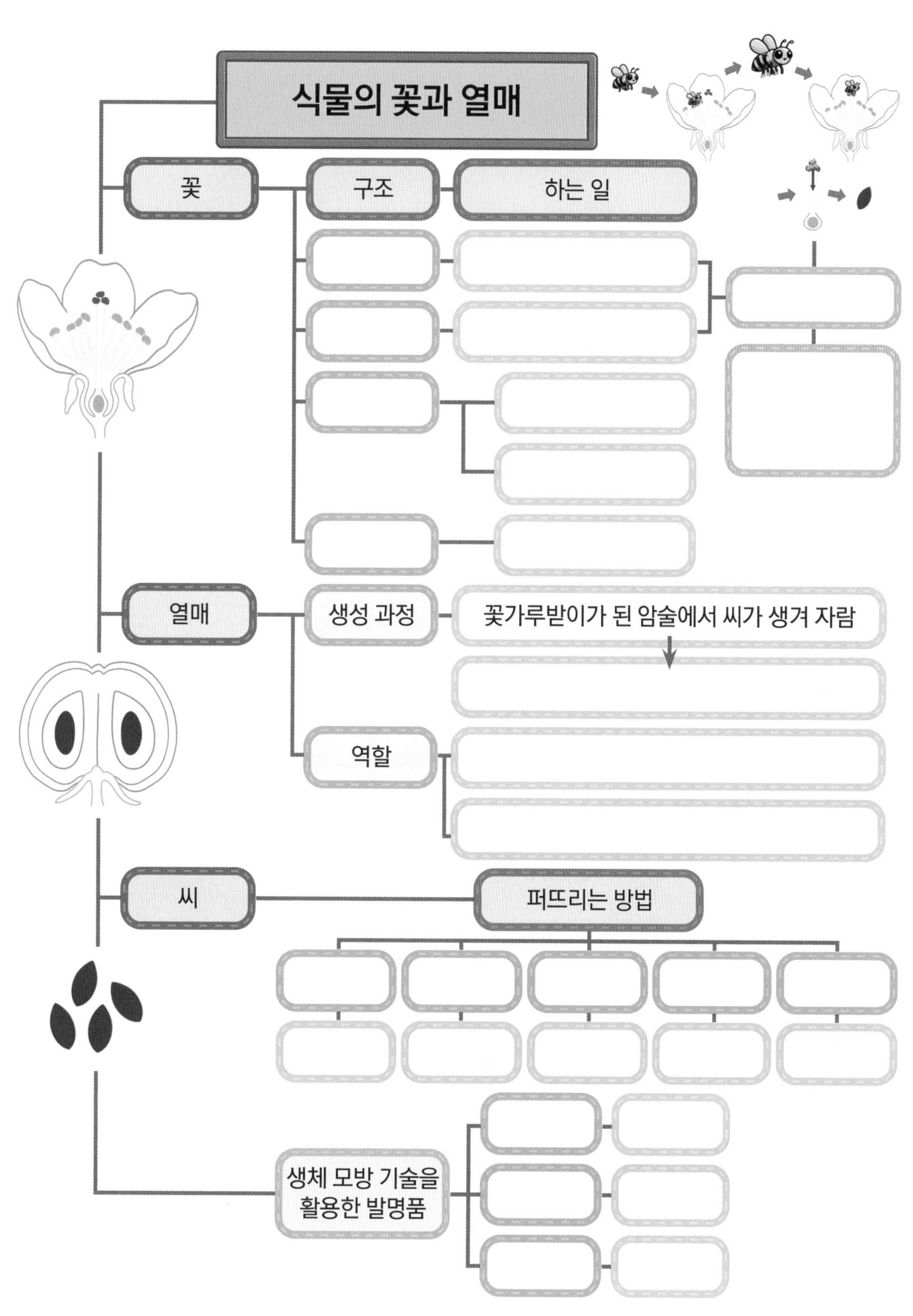

배운 내용을 말로 설명하는 과정은 내가 아는 것과 모르는 것을 구분하여 정확하게 이해하고 기억하게 해 주는 최고의 공부법이에요. 앞에 정리한 내용을 떠올리며 번호 순서대로 설명해 보세요.

나는 그래픽 조직자를 안내된 순서에 맞게 ______ 에게 설명했어요!
나의 설명 별점은 몇 점인가요? ☆☆☆☆☆

다음은 하롱이가 친구들한테 보낸 편지인데, 하롱이가 급히 필요한 게 있다고 하네요. 아래 단서를 보고 하롱이가 필요한 것이 무엇인지 친구들이 찾아 주세요.

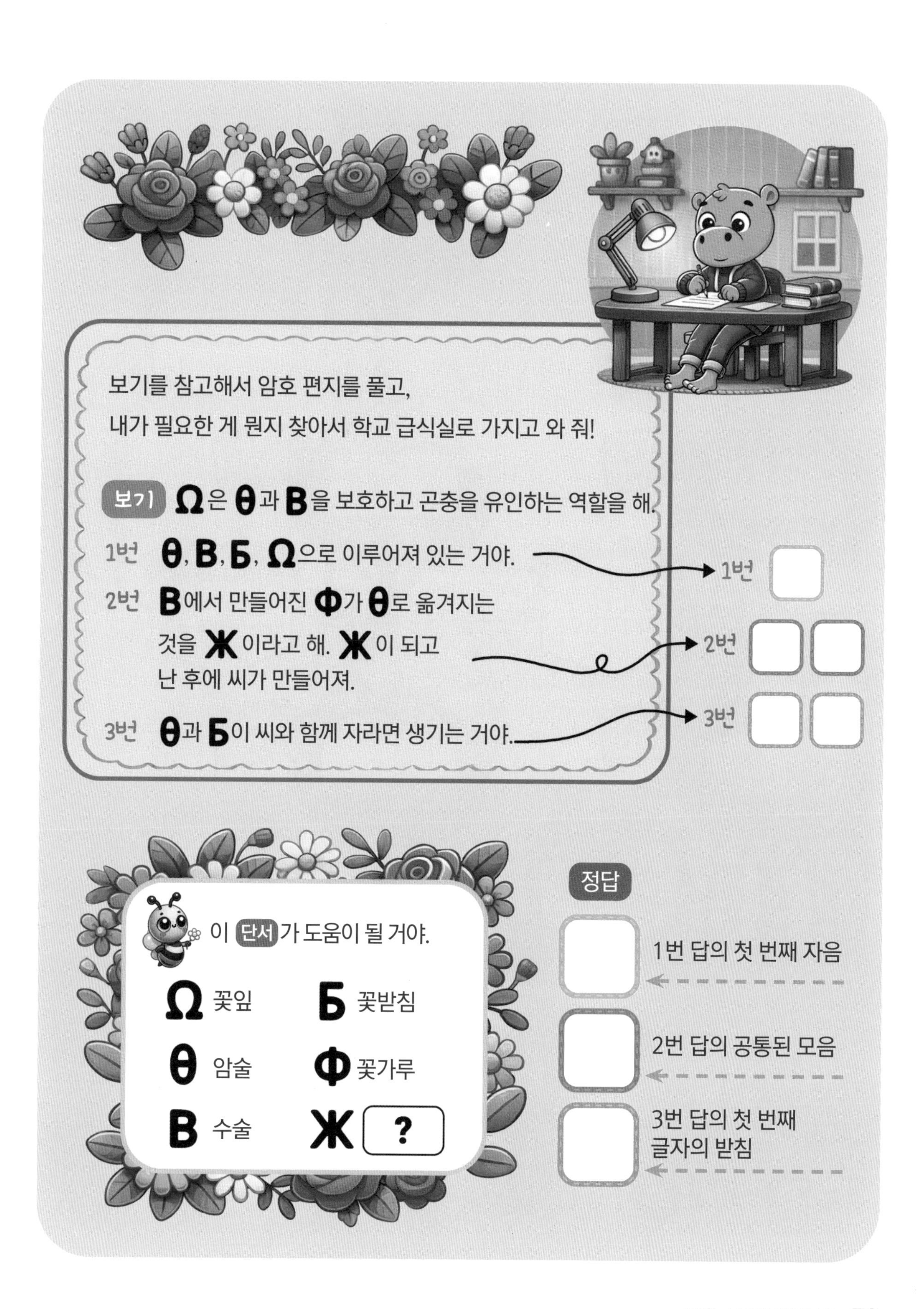

과일 농장을 하는 하롱이가 과일을 수확하고 있어요.
각각의 과일에 알맞은 단어를 쓰고 최종적으로 얼마를 벌었는지 계산하여 트럭에 적어 보세요.

하유는 식물을 밟고, 나뭇가지를 꺾어서 식물 나라에 잡혀왔어요. 식물 나라에서 교육을 받은 하유가 깊이 반성하며 식물의 소중함과 자신의 잘못에 대해 반성하는 글을 썼습니다. 여러분이 하유가 되어 식물의 소중한 역할을 글로 적어 보세요.

먼저 식물 나라의 모든 식물들에게 진심으로 죄송합니다. 그동안 저는 식물이 소중한 존재라는 걸 몰랐습니다. 그런데 식물 나라에서 뿌리, 줄기, 잎, 열매, 씨에 대해 배우며 식물이 우리 삶에 얼마나 소중한 존재인지를 깨달았습니다.
식물의 ______________________________

____

____

____

____

____

5 단원

빛과 렌즈

01 프리즘을 통과한 햇빛의 특징과 빛의 굴절에 대해 알아볼까요?

02 볼록 렌즈의 특징과 생활 속 활용에 대해 알아볼까요?

프리즘을 통과한 햇빛의 특징과 빛의 굴절에 대해 알아볼까요?

학습 목표

프리즘을 통과한 햇빛의 특징을 알고, 빛의 굴절을 이해할 수 있어요.

학습 완료 체크

학습이 끝난 코너는 ✔ 체크해 보세요.

- ☐ 생각 열기
- ☐ 어휘 뜻 짐작하기
- ☐ 어휘력이 쑥쑥
- ☐ 내용이 쏙쏙
- ☐ 그래픽 조직자
- ☐ 말하는 공부
- ☐ 기억 꺼내기

프리즘을 통과한 햇빛의
특징과 빛의 굴절에 대해
하롱이와 함께
신나게 공부해 보자~

무더운 여름, 친구들이 가까운 물놀이장을 찾았어요.
신나게 놀던 친구들은 궁금한 것이 생겼어요. 말풍선을 보고 왜 그럴지 상상해서 써 보세요.

❶ 아래 글을 훑어 읽으며 모르는 어휘에 □ 표시하세요.

❷ □ 표시한 어휘 가운데 선택하여 앞, 뒤 문장을 다시 읽어 보며 어휘의 뜻을 짐작하여 써 보세요.

햇빛은 아무런 색깔이 없는 것처럼 보이지만, 실제로는 여러 가지 색의 빛으로 이루어져 있습니다. 이는 프리즘을 통과한 햇빛이 흰 종이에 비치면 다양한 색의 빛으로 나뉘는 것을 통해 알 수 있습니다. 프리즘은 유리나 플라스틱으로 만든 삼각기둥 모양의 투명한 기구입니다. 햇빛이 곧게 나아가다가 프리즘을 통과할 때 빛의 방향이 꺾입니다. 이때 색깔에 따라 꺾이는 정도가 달라지면서 여러 가지 색의 빛으로 나타납니다.

자연에서는 물방울이 프리즘 역할을 합니다. 비가 그친 뒤 하늘에 나타나는 무지개는 햇빛이 물방울을 통과할 때 생기는 여러 가지 색의 빛입니다. 분수나 댐, 폭포 주변에서 보이는 무지개도 같은 원리입니다. 우리 생활 속에서 볼 수 있는 투명한 물체들도 프리즘 역할을 합니다. 예를 들어 둥근 유리잔이나 유리 장식품 주위에서 종종 보이는 무지갯빛은 햇빛이 투명한 물체를 통과하며 여러 색으로 나뉘기 때문에 나타납니다. 이처럼 자연과 생활 속 현상들을 통해 햇빛이 여러 가지 색의 빛으로 이루어져 있다는 것을 알 수 있습니다.

빛이 공기 중에서 곧게 나아가다가 물이나 유리처럼 투명한 물질을 만나면 어떻게 될까요? 빛이 공기 중에서 물속으로 비스듬히 들어갈 때, 공기와 물의 경계면에서 꺾입니다. 반대로 빛이 물속에서 공기 중으로 비스듬히 나올 때도 물과 공기의 경계면에서 꺾여 공기 중으로 나오게 됩니다. 유리도 마찬가지입니다. 빛이 공기 중에서 유리로 비스듬히 들어갈 때나 유리에서 공기 중으로 비스듬히 나올 때도 유리와 공기의 경계면에서 꺾입니다. 이처럼 빛이 직진하다가 서로 다른 물질의 경계면에서 꺾이는 현상을 빛의 굴절이라고 합니다.

빛의 굴절 현상이 생활 속에서는 어떻게 나타날까요? 빛이 굴절되면 물속에 있는 물체를 물 밖에서 볼 때, 그 모양과 위치가 다르게 보입니다. 예를 들어 물속에 잠긴 빨대는 꺾여 보이고, 시냇물은 실제보다 얕게 보이고, 물속에 잠긴 다리가 물 밖에서 보면 짧아 보입니다. 사람의 눈은 들어온 빛의 연장선에 물체가 있다고 생각합니다. 실제로는 빛이 물속의 물체에 닿아 반사된 후, 물속에서 공기 중으로 나올 때 물의 표면에서 굴절되어 공기 중으로 나옵니다. 그래서 물속의 물체가 실제와 다르게 보이는 것입니다.

❶ ☐ 표시한 어휘 중 정확한 뜻을 알고 싶은 어휘를 골라 아래에 쓰세요.

❷ 어휘 사전에서 어휘의 뜻을 찾아 이해한 뒤, 뜻을 **내 말로 정리**해 보세요.

5단원 | 빛과 렌즈

글을 읽으며 글쓴이가 중요하다고 강조하는 중심어에는 ○,
중심 문장에는 ______을 그어 보세요.

1문단
- 중심어에 ○하기
- 중심 문장에 ____긋기

1 햇빛은 아무런 색깔이 없는 것처럼 보이지만, 실제로는 여러 가지 색의 빛으로 이루어져 있습니다. 이는 프리즘을 통과한 햇빛이 흰 종이에 비치면 다양한 색의 빛으로 나뉘는 것을 통해 알 수 있습니다. 프리즘은 유리나 플라스틱으로 만든 삼각기둥 모양의 투명한 기구입니다. 햇빛이 곧게 나아가다가 프리즘을 통과할 때 빛의 방향이 꺾입니다. 이때 색깔에 따라 꺾이는 정도가 달라지면서 여러 가지 색의 빛으로 나타납니다.

2문단
- 중심어에 ○하기
- 중심 문장에 ____긋기

2 자연에서는 물방울이 프리즘 역할을 합니다. 비가 그친 뒤 하늘에 나타나는 무지개는 햇빛이 물방울을 통과할 때 생기는 여러 가지 색의 빛입니다. 분수나 댐, 폭포 주변에서 보이는 무지개도 같은 원리입니다. 우리 생활 속에서 볼 수 있는 투명한 물체들도 프리즘 역할을 합니다. 예를 들어 둥근 유리잔이나 유리 장식품 주위에서 종종 보이는 무지갯빛은 햇빛이 투명한 물체를 통과하며 여러 색으로 나뉘기 때문에 나타납니다. 이처럼 자연과 생활 속 현상들을 통해 햇빛이 여러 가지 색의 빛으로 이루어져 있다는 것을 알 수 있습니다.

3문단
- 중심어에 ○하기
- 중심 문장에 ____긋기

3 빛이 공기 중에서 곧게 나아가다가 물이나 유리처럼 투명한 물질을 만나면 어떻게 될까요? 빛이 공기 중에서 물속으로 비스듬히 들어갈 때, 공기와 물의 경계면에서 꺾입니다. 반대로 빛이 물속에서 공기 중으로 비스듬히 나올 때도 물과 공기의 경계면에서 꺾여 공기 중으로 나오게 됩니다. 유리도 마찬가지입니다. 빛이 공기 중에서 유리로 비스듬히 들어갈 때나 유리에서 공기 중으로 비스듬히 나올 때도 유리와 공기의 경계면에서 꺾입니다. 이처럼 빛이 직진하다가 서로 다른 물질의 경계면에서 꺾이는 현상을 빛의 굴절이라고 합니다.

4문단
- 중심어에 ○하기
- 중심 문장에 ____긋기

4 빛의 굴절 현상이 생활 속에서는 어떻게 나타날까요? 빛이 굴절되면 물속에 있는 물체를 물 밖에서 볼 때, 그 모양과 위치가 다르게 보입니다. 예를 들어 물속에 잠긴 빨대는 꺾여 보이고, 시냇물은 실제보다 얕게 보이고, 물속에 잠긴 다리가 물 밖에서 보면 짧아 보입니다. 사람의 눈은 들어온 빛의 연장선에 물체가 있다고 생각합니다. 실제로는 빛이 물속의 물체에 닿아 반사된 후, 물속에서 공기 중으로 나올 때 물의 표면에서 굴절되어 공기 중으로 나옵니다. 그래서 물속의 물체가 실제와 다르게 보이는 것입니다.

지문의 중심 내용을 요약해 보세요.

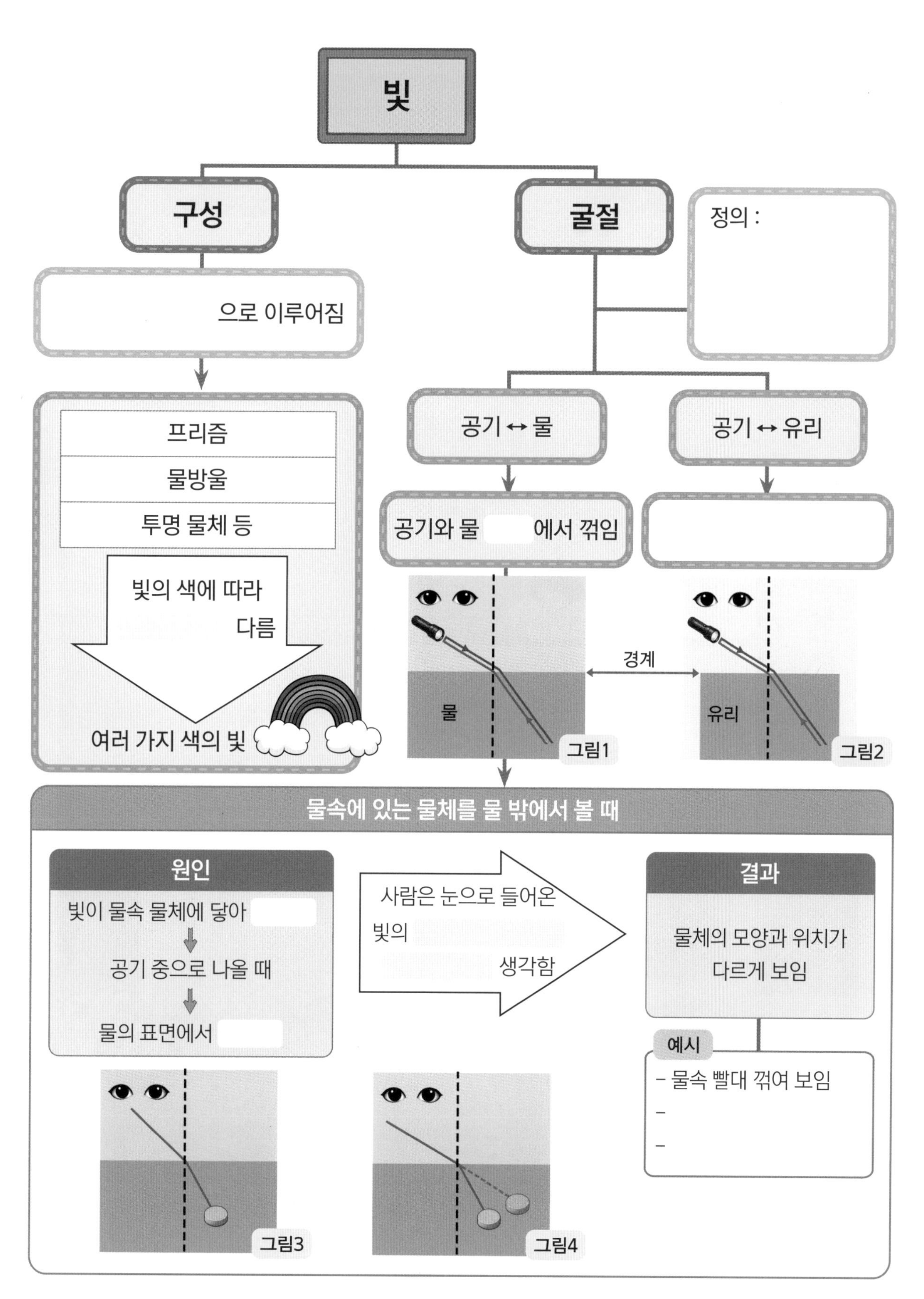

배운 내용을 말로 설명하는 과정은 내가 아는 것과 모르는 것을 구분하여 정확하게 이해하고 기억하게 해 주는 최고의 공부법이에요. 앞에 정리한 내용을 떠올리며 번호 순서대로 설명해 보세요.

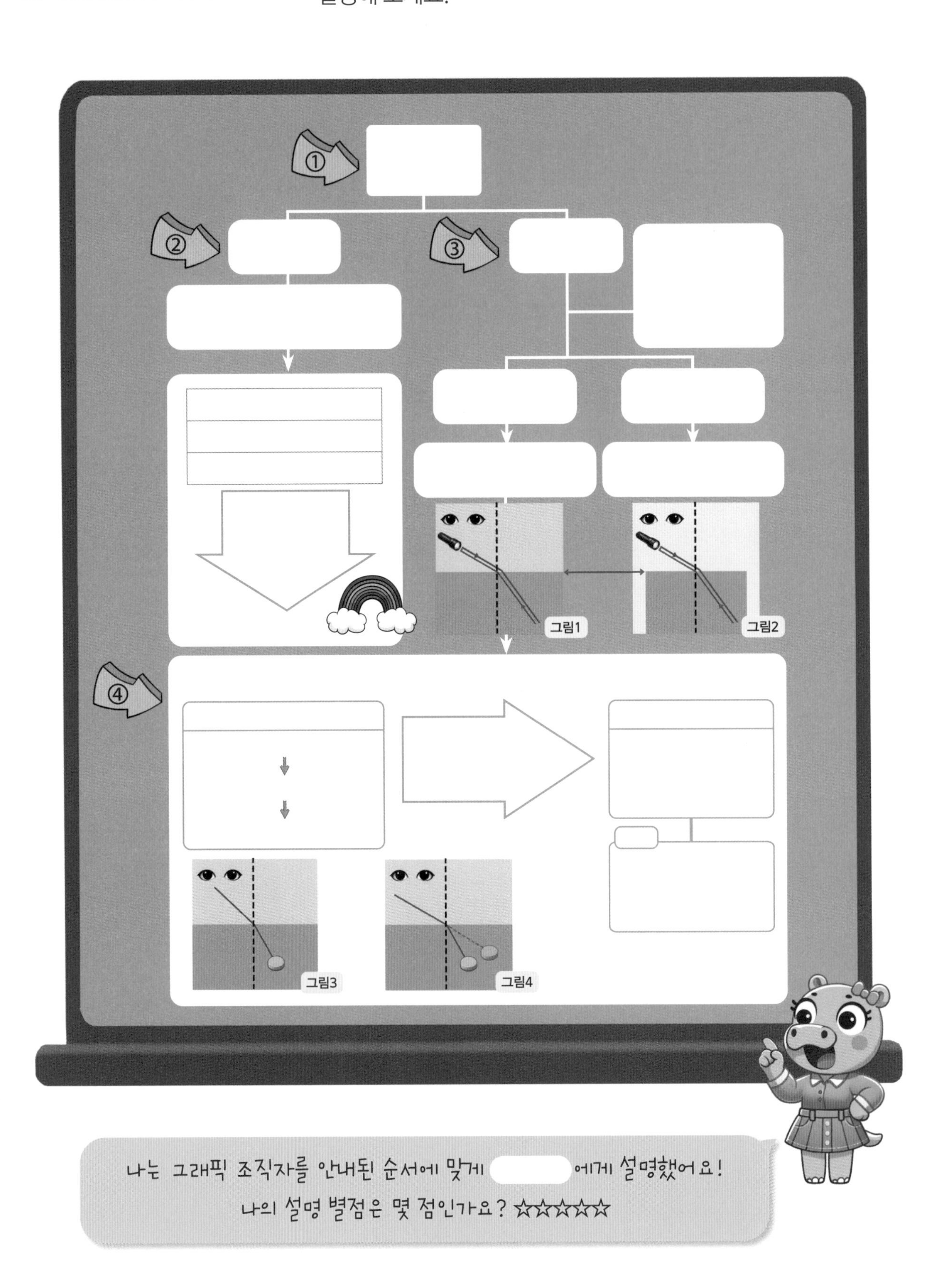

나는 그래픽 조직자를 안내된 순서에 맞게 ____ 에게 설명했어요!
나의 설명 별점은 몇 점인가요? ☆☆☆☆☆

하롱이가 방 탈출 게임을 하고 있어요. 각 방에는 햇빛의 성질과 빛의 굴절에 대한 문제가 있어요. 문제를 읽고 올바른 내용만 통과하여 탈출해 보세요.

방 탈출 규칙

- 문이 열려 있는 방은 지나갈 수 있다.
- 각 방은 한 번씩만 지나갈 수 있다.
- 햇빛의 성질과 빛의 굴절에 관한 내용이 올바른 방은 반드시 모두 지나가야 한다.

획득한 음식

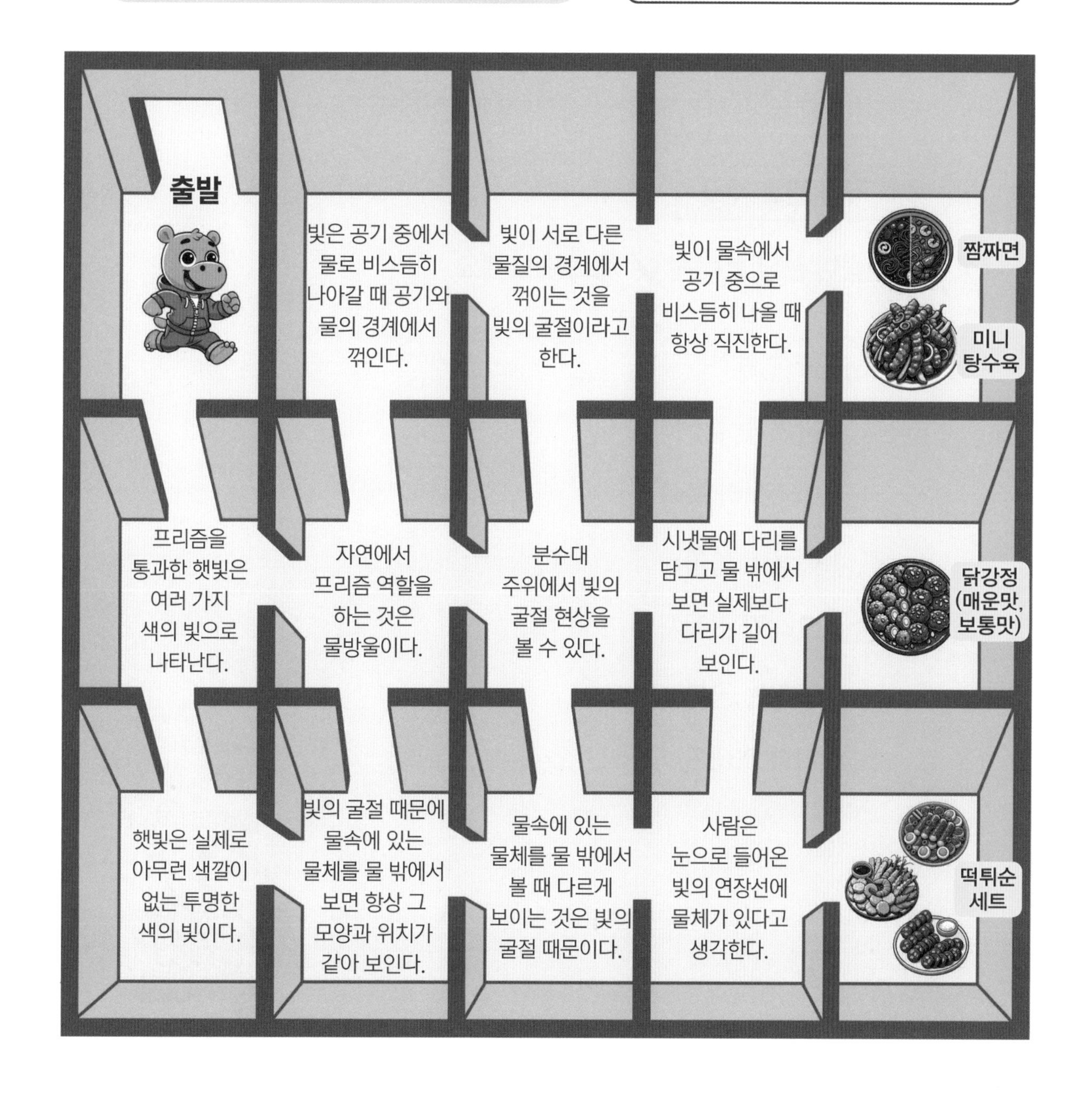

5단원 | 빛과 렌즈

볼록 렌즈의 특징과 생활 속 활용에 대해 알아볼까요?

학습 목표

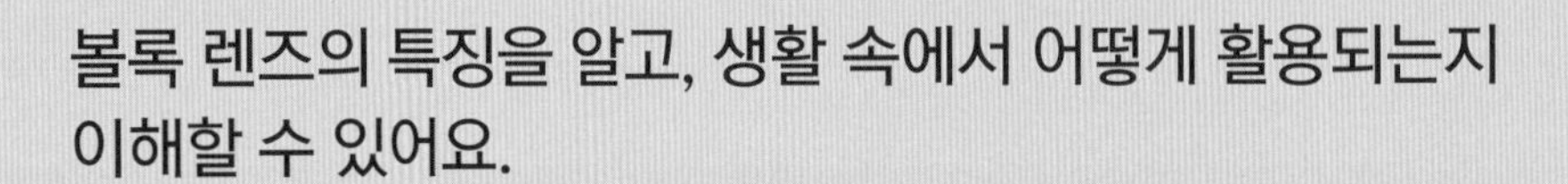

볼록 렌즈의 특징을 알고, 생활 속에서 어떻게 활용되는지 이해할 수 있어요.

학습 완료 체크

학습이 끝난 코너는 ✓ 체크해 보세요.

- ☐ 생각 열기
- ☐ 어휘 뜻 짐작하기
- ☐ 어휘력이 쑥쑥
- ☐ 내용이 쏙쏙
- ☐ 그래픽 조직자
- ☐ 말하는 공부
- ☐ 기억 꺼내기

한여름 땡볕 아래 주차한 차량에서 화재가 발생했어요. 하롱 탐정은 차 안에 타다 남은 물건을 보고 화재의 원인을 밝혀냈어요. 차 안에 있던 물건은 스노볼, 반지와 목걸이, 물이 든 생수병과 로봇 장난감, 돋보기, 인형이에요. 화재의 원인이 무엇일지 3가지를 고르고 그 이유를 써 보세요.

어디 보자...
무엇 때문에
화재가 난 걸까?

아무도 없는 차량에서 화재가 발생한 원인은 ________, ________, ________ 이다. 왜냐하면 ________

____

____

____

____

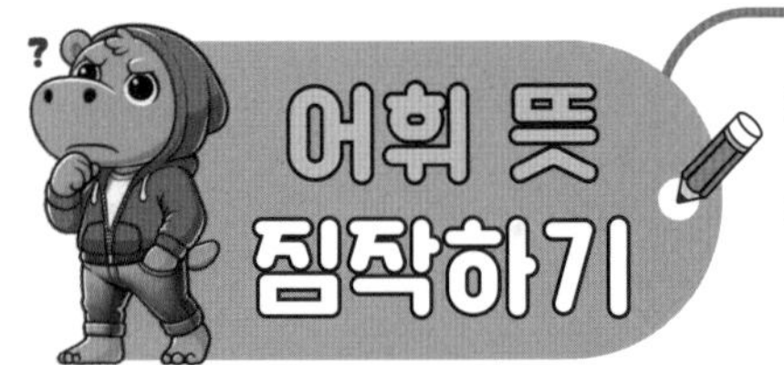

❶ 아래 글을 훑어 읽으며 모르는 어휘에 □ 표시하세요.
❷ □ 표시한 어휘 가운데 선택하여 앞, 뒤 문장을 다시 읽어 보며 어휘의 뜻을 짐작하여 써 보세요.

할머니와 할아버지께서 작은 글자를 보실 때 사용하는 돋보기는 볼록 렌즈입니다. 렌즈는 유리처럼 투명한 물질로 만들어져 있어서 빛을 통과시킬 수 있는 물체입니다. 렌즈의 가운데 부분이 가장자리보다 두꺼운 것을 볼록 렌즈라고 부릅니다.

볼록 렌즈에 빛을 비추면 공기와 렌즈의 경계면에서 빛이 굴절합니다. 빛이 볼록 렌즈의 가운데 두꺼운 부분을 지나면 그대로 직진하지만, 가장자리 얇은 부분을 통과할 때는 그 경계면에서 가운데 두꺼운 부분으로 꺾여서 나아갑니다. 이는 빛의 굴절 때문입니다. 이렇게 볼록 렌즈를 지나가는 빛들은 한 점에 모였다가 다시 퍼져나갑니다. 볼록 렌즈를 이용하여 햇빛을 한 점에 모으면 아주 밝은 점이 생기고, 그 점의 온도는 높아집니다.

볼록 렌즈로 물체를 보면 물체와 렌즈 사이의 거리에 따라 실제 모습과 다르게 보입니다. 물체가 볼록 렌즈 가까이 있으면 상이 물체보다 커지고 바로 서 있지만, 물체가 볼록 렌즈와 멀리 있으면 상이 물체보다 작아지고 상하좌우가 바뀌어 보입니다. 우리 주변에서 흔히 볼 수 있는 물이 담긴 둥근 어항이나 유리컵, 유리구슬, 물방울 등도 볼록 렌즈의 역할을 합니다. 예를 들어 물이 담긴 둥근 유리컵 뒤에 화살표를 그린 종이를 멀리 두면, 화살표 방향이 반대로 보입니다. 또 글자가 쓰인 종이 위에 물방울을 떨어뜨리면 아래 글자가 크게 보입니다.

볼록 렌즈를 이용하여 만든 도구는 우리 생활을 더욱 편리하게 해 줍니다. 볼록 렌즈를 사용하면 작은 물체를 크게 확대해서 볼 수 있습니다. 수술용 확대경, 광학 현미경, 돋보기 등이 그 예입니다. 또 볼록 렌즈를 이용하면 멀리 있는 물체를 가까이 있는 것처럼 볼 수 있습니다. 망원경 등이 그 예입니다. 볼록 렌즈가 빛을 한곳에 모으는 성질을 이용한 기구들도 있습니다. 사진기는 빛을 모아 사진을 촬영하고, 자동차 전조등이나 손전등은 빛을 한곳에 모아 주변보다 훨씬 밝은 빛을 내는 데 사용합니다.

❶ ☐ 표시한 어휘 중 정확한 뜻을 알고 싶은 어휘를 골라 아래에 쓰세요.

❷ 어휘 사전에서 어휘의 뜻을 찾아 이해한 뒤, 뜻을 **내 말로 정리**해 보세요.

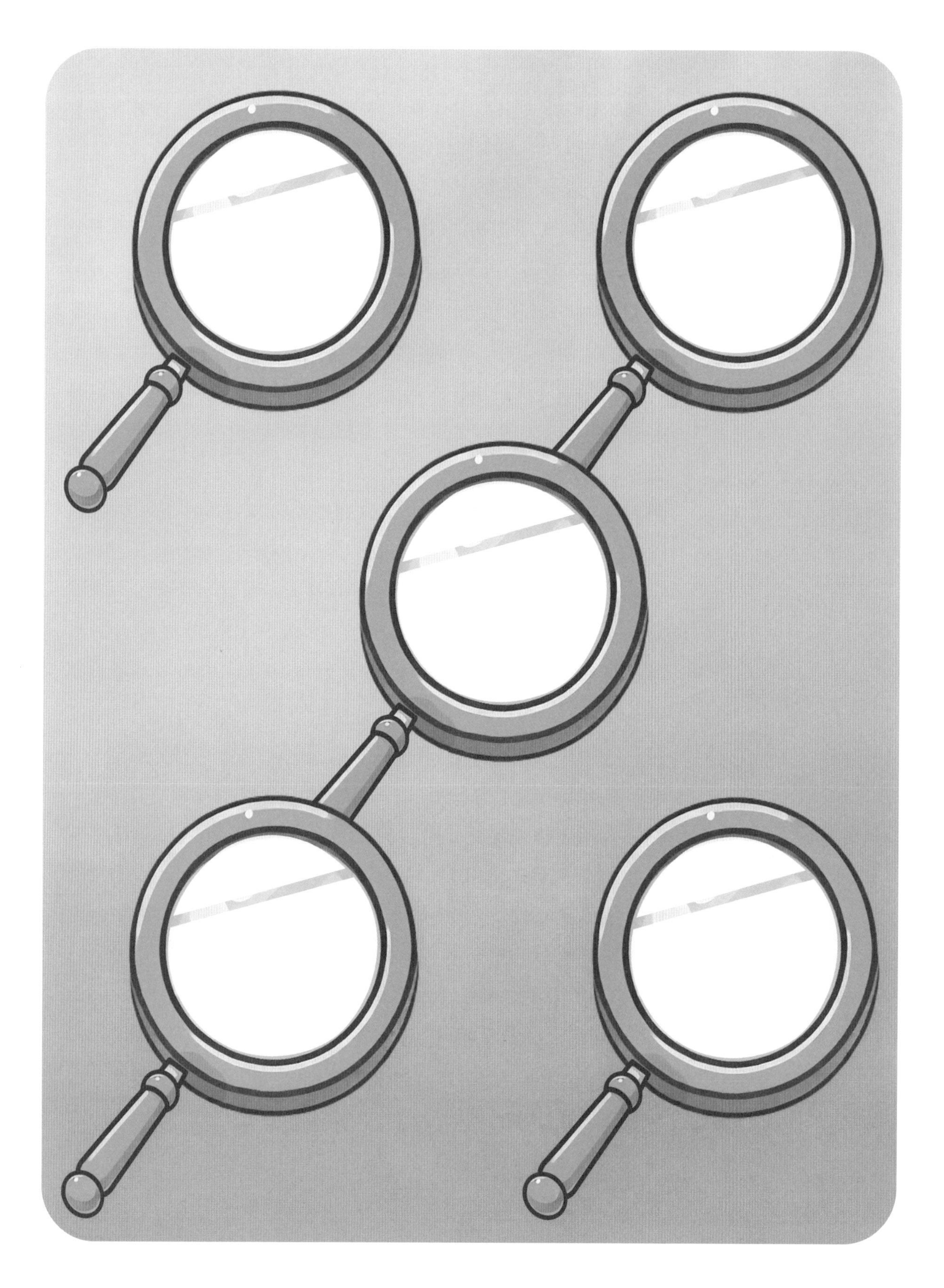

5단원 | 빛과 렌즈

글을 읽으며 글쓴이가 중요하다고 강조하는 중심어에는 ◯, 중심 문장에는 _____을 그어 보세요.

1문단
- 중심어에 ◯하기
- 중심 문장에 ____긋기

1 할머니와 할아버지께서 작은 글자를 보실 때 사용하는 돋보기는 볼록 렌즈입니다. 렌즈는 유리처럼 투명한 물질로 만들어져 있어서 빛을 통과시킬 수 있는 물체입니다. 렌즈의 가운데 부분이 가장자리보다 두꺼운 것을 볼록 렌즈라고 부릅니다.

2문단
- 중심어에 ◯하기
- 중심 문장에 ____긋기

2 볼록 렌즈에 빛을 비추면 공기와 렌즈의 경계면에서 빛이 굴절합니다. 빛이 볼록 렌즈의 가운데 두꺼운 부분을 지나면 그대로 직진하지만, 가장자리 얇은 부분을 통과할 때는 그 경계면에서 가운데 두꺼운 부분으로 꺾여서 나아갑니다. 이는 빛의 굴절 때문입니다. 이렇게 볼록 렌즈를 지나가는 빛들은 한 점에 모였다가 다시 퍼져나갑니다. 볼록 렌즈를 이용하여 햇빛을 한 점에 모으면 아주 밝은 점이 생기고, 그 점의 온도는 높아집니다.

3문단
- 중심어에 ◯하기
- 중심 문장에 ____긋기

3 볼록 렌즈로 물체를 보면 물체와 렌즈 사이의 거리에 따라 실제 모습과 다르게 보입니다. 물체가 볼록 렌즈 가까이 있으면 상이 물체보다 커지고 바로 서 있지만, 물체가 볼록 렌즈와 멀리 있으면 상이 물체보다 작아지고 상하좌우가 바뀌어 보입니다. 우리 주변에서 흔히 볼 수 있는 물이 담긴 둥근 어항이나 유리컵, 유리구슬, 물방울 등도 볼록 렌즈의 역할을 합니다. 예를 들어 물이 담긴 둥근 유리컵 뒤에 화살표를 그린 종이를 멀리 두면, 화살표 방향이 반대로 보입니다. 또 글자가 쓰인 종이 위에 물방울을 떨어뜨리면 아래 글자가 크게 보입니다.

4문단
- 중심어에 ◯하기
- 중심 문장에 ____긋기

4 볼록 렌즈를 이용하여 만든 도구는 우리 생활을 더욱 편리하게 해줍니다. 볼록 렌즈를 사용하면 작은 물체를 크게 확대해서 볼 수 있습니다. 수술용 확대경, 광학 현미경, 돋보기 등이 그 예입니다. 또 볼록 렌즈를 이용하면 멀리 있는 물체를 가까이 있는 것처럼 볼 수 있습니다. 망원경 등이 그 예입니다. 볼록 렌즈가 빛을 한곳에 모으는 성질을 이용한 기구들도 있습니다. 사진기는 빛을 모아 사진을 촬영하고, 자동차 전조등이나 손전등은 빛을 한곳에 모아 주변보다 훨씬 밝은 빛을 내는 데 사용합니다.

지문의 중심 내용을 요약해 보세요.

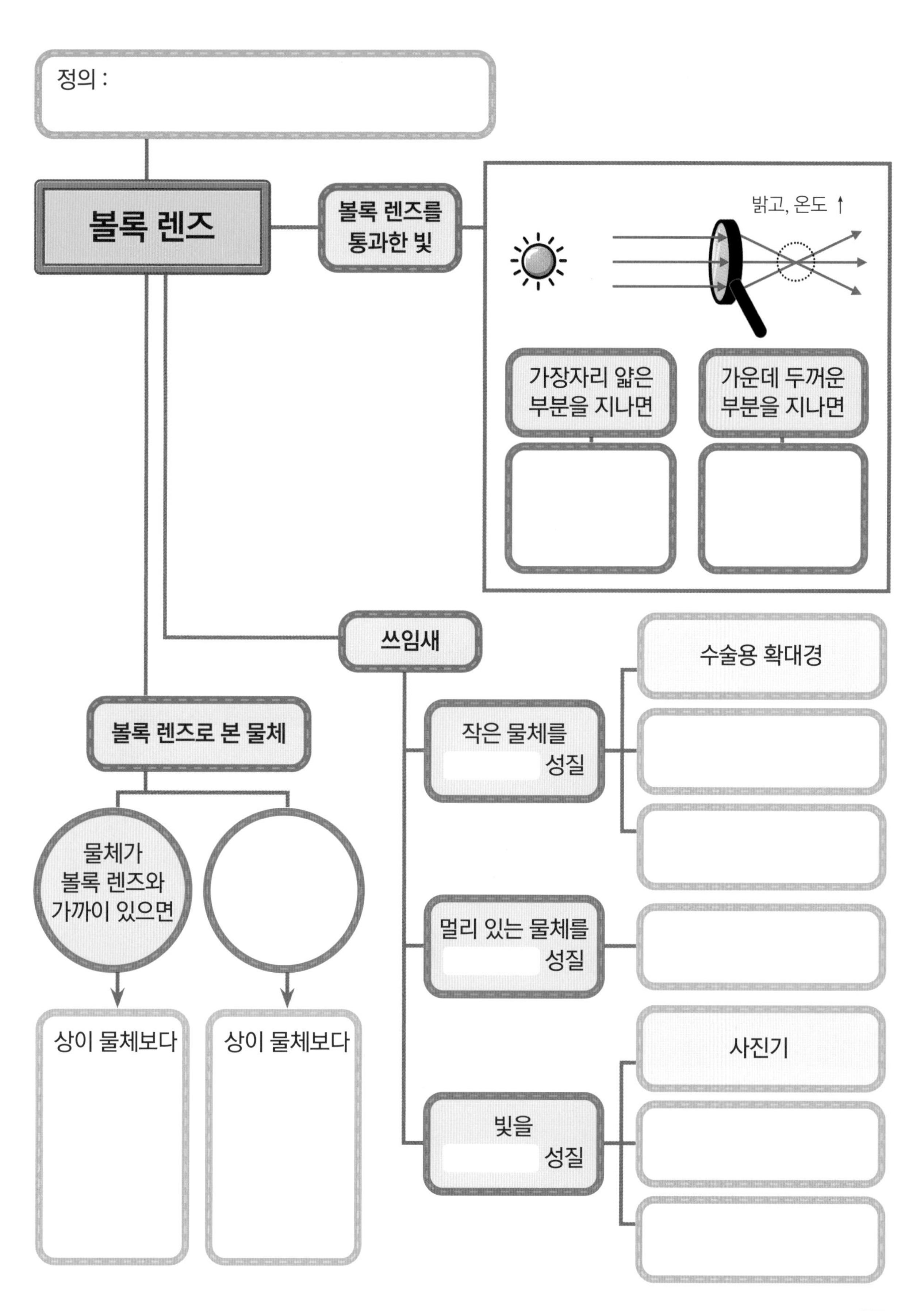

배운 내용을 말로 설명하는 과정은 내가 아는 것과 모르는 것을 구분하여 정확하게 이해하고 기억하게 해 주는 최고의 공부법이에요. 앞에 정리한 내용을 떠올리며 번호 순서대로 설명해 보세요.

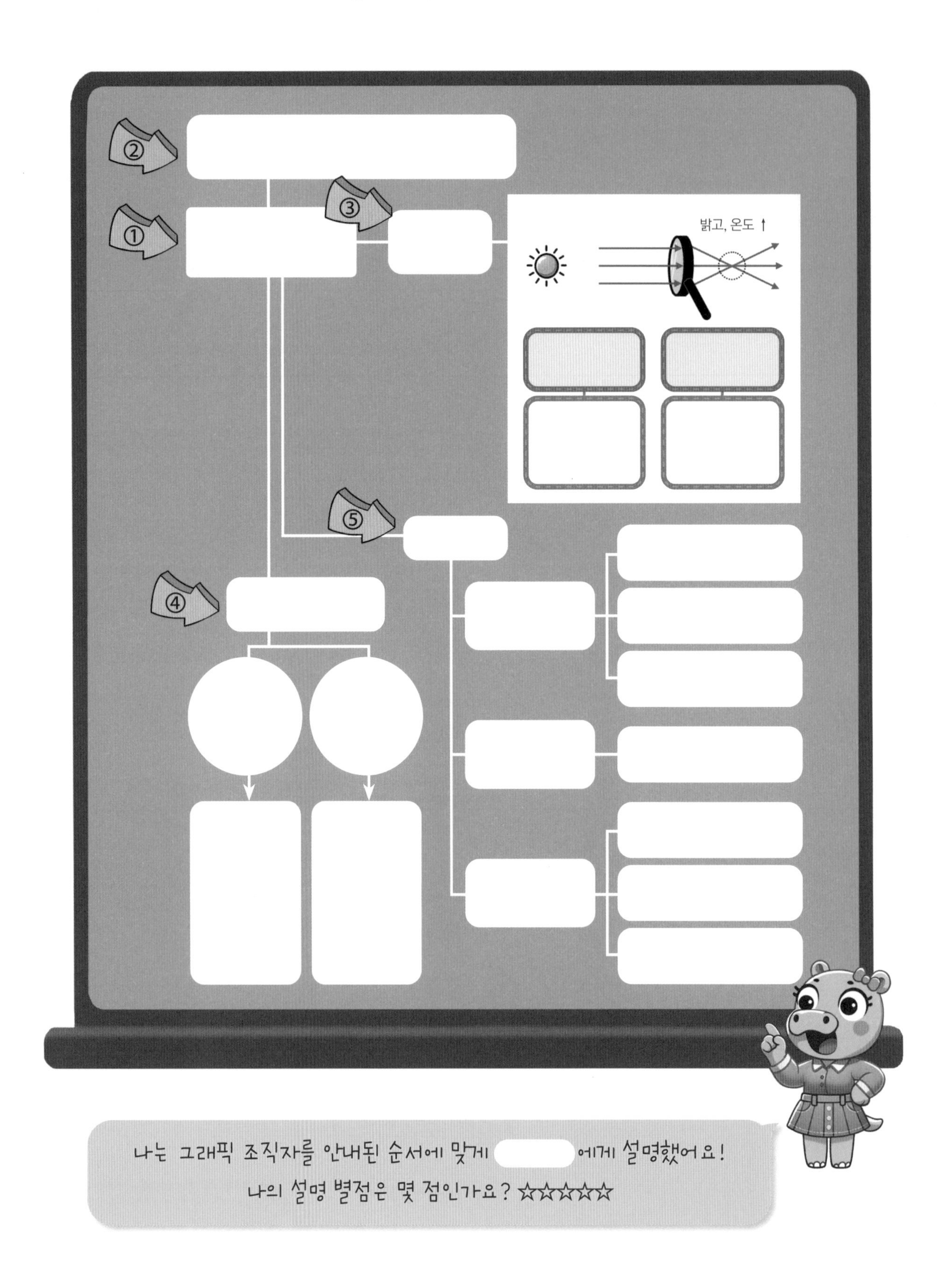

나는 그래픽 조직자를 안내된 순서에 맞게 ______ 에게 설명했어요!
나의 설명 별점은 몇 점인가요? ☆☆☆☆☆

하롱이 과학 수사대(HCSI) 요원들이 사건 현장으로 출동해야 합니다. 하롱 팀장의 말풍선을 읽고 사건 조사를 위해 현장에서 바로 써야 할 기구들을 챙겨 주세요.

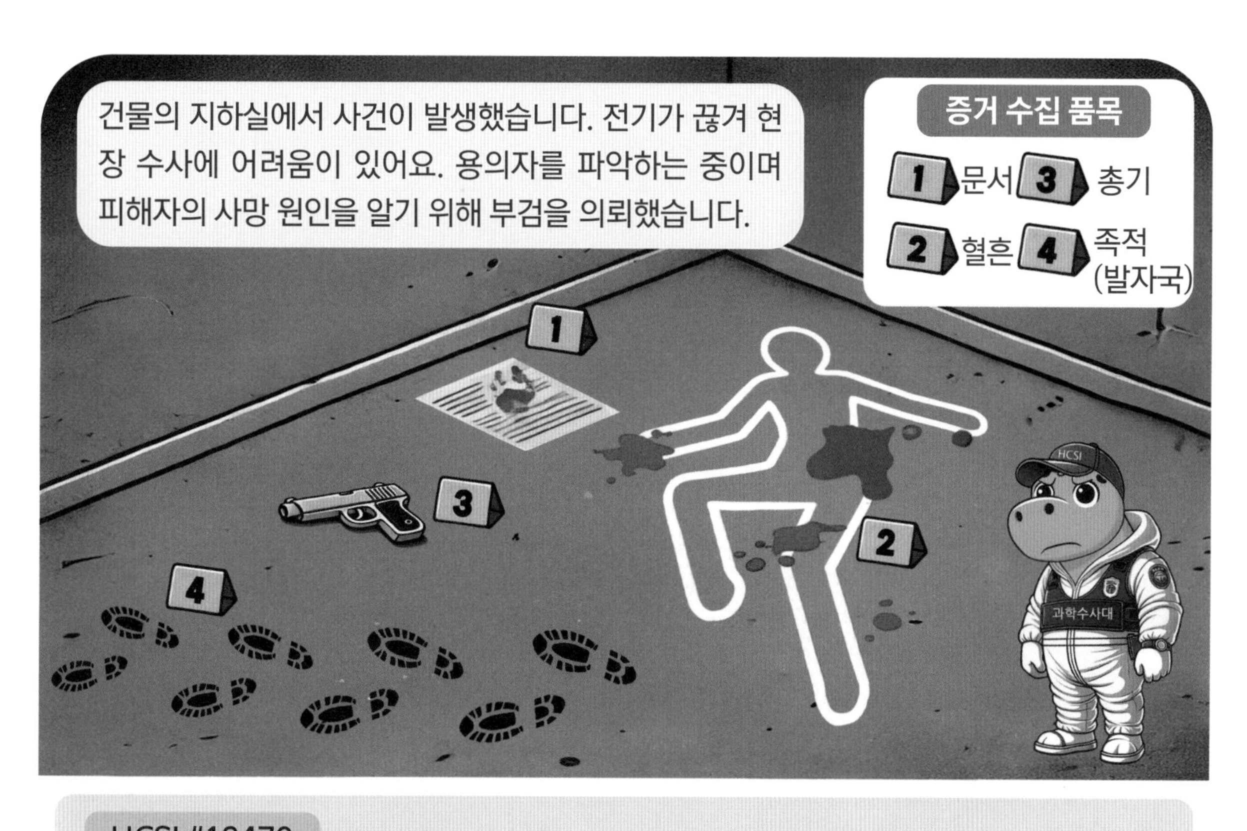

HCSI #19470

현장에서 바로 써야 할 기구 3개를 골라 ○ 하고, 글 상자와 선으로 연결하세요.
글 상자에 그 기구가 필요한 이유와 볼록 렌즈의 어떤 성질을 활용한 기구인지 쓰세요.

○ 사건 현장이 건물의 지하실이고, 전기가 끊긴 상태이기 때문에 불을 밝히기 위해 손전등이 필요하다. 손전등은 볼록 렌즈가 빛을 한곳에 모으는 성질을 이용한 기구이다.

○ ______________________

○ ______________________

하미가 폭풍우를 만났어요. 폭풍우를 피해 무사히 하미의 집으로 갈 수 있도록 도와주세요. 아래 설명을 읽고 알맞은 어휘를 찾아 빗방울을 선으로 이어 주세요.

모험을 떠난 하롱이가 스핑크스를 만났어요. 스핑크스가 내는 문제를 잘 풀어야 어둠 속에 떨어지지 않고 통과할 수 있어요. 각 관문의 문제에 대한 정답을 맞히고, 그 이유를 설명해 주세요.

제1관문

첫 번째 관문은 계산식 카드의 정답을 맞힌 사람을 찾는 것이다. 물이 든 유리컵에서 멀리 떨어진 곳에 문제 카드가 있다. 지연, 현승, 은우는 각각 문제 카드에 정답을 써서 제자리에 놓았다. 유리컵의 물 높이는 문제 카드의 딱 정답 위치까지이다. 오른쪽 그림은 정면에서 보았을 때의 모습이다. 정답을 맞게 쓴 친구는 누구인지 찾고, 그 이유를 설명하라.

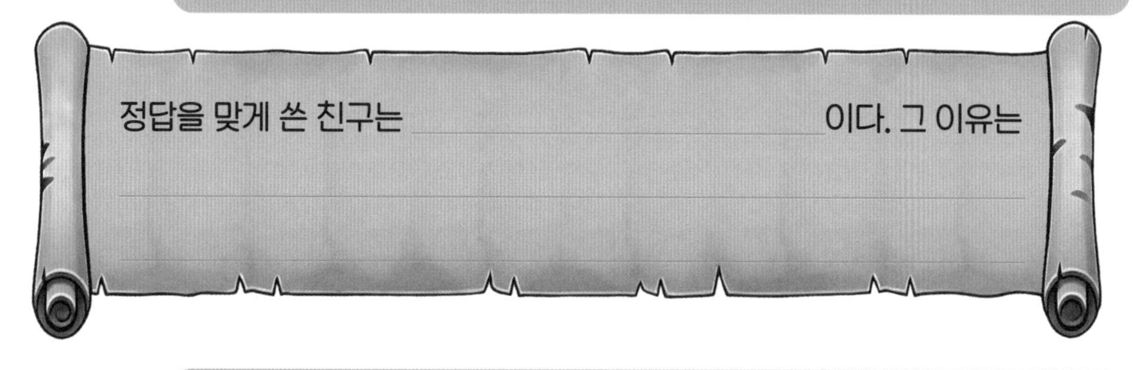

제2관문

두 번째 관문은 수족관을 찾은 아이들을 놀라게 한 신기한 현상의 원인을 밝히는 것이다. 문제의 장면 (가), (나)는 물속에서 머리를 내밀고 있는 물개와 북극곰의 모습이다. 머리와 몸통이 완전히 분리되어 보인다. 이런 현상은 왜 일어나는 것일까? 원인을 밝혀라.

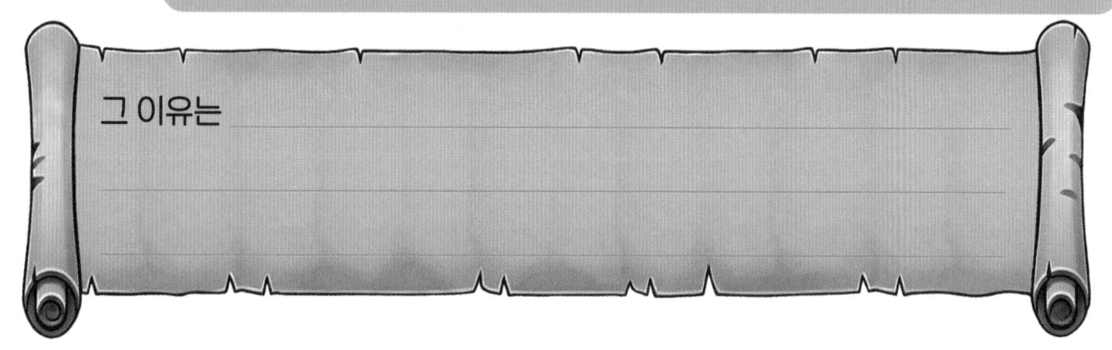

어휘 사전

01 지구의 자전과 공전으로 어떤 현상이 나타날까요?

자전축

지구나 달 같은 천체가 회전할 때 중심이 되는 직선

지구는 자전축을 중심으로 회전한다.

회전

물체가 한 축을 중심으로 빙빙 도는 것

커다란 빌딩의 출입문은 빙빙 도는 회전문이다.

자전

지구나 달과 같은 천체가 스스로 회전하는 것

지구가 자전하는 방향은 서쪽에서 동쪽이다.

가상

진짜가 아니라 생각으로 만들어 낸 것

소방 훈련은 화재 대비 가상훈련이다.

방향

나아가거나 향하는 어떤 쪽

나침반은 방향을 알려 주는 기구이다.

낮

태양이 떠서 질 때까지의 시간 반 밤

사람들은 낮에 활동한다.

밤

태양이 지고 어두워진 때부터 다음 날 태양이 떠서 밝아지기 전까지의 시간 반 낮

밤이 되면 별을 볼 수 있다.

공전

지구가 태양의 둘레를 도는 것처럼 다른 천체의 둘레를 일정하게 도는 것

달은 자전하면서 지구를 중심으로 공전한다.

계절

일 년을 기후에 따라 봄, 여름, 가을, 겨울로 나눈 것 유 철

우리나라는 봄, 여름, 가을, 겨울의 사계절이 있다.

북반구

적도를 중심으로 지구를 둘로 나누었을 때 북쪽 부분

우리나라는 북반구에 있는 나라이다.

남반구

적도를 중심으로 지구를 둘로 나누었을 때 남쪽 부분

호주는 남반구에 있는 나라이다.

위치

사람이 있거나 사물이 놓인 곳. 또는 그 자리

지구의 자전으로 태양과 달의 위치가 달라진다.

지역

어떤 기준에 따라 범위를 정해 놓은 땅

같은 지구라도 지역에 따라 낮과 밤이 다르다.

적도

지구에서 해가 가장 많이 비추는 곳을 한 줄로 이은 선. 또는 지구의 위도가 0도인 선

적도와 가까운 나라는 매우 덥고 비가 많이 내린다.

별자리

밤하늘에 어떤 모양이나 형태를 이루는 듯 모여 있는 별의 무리. 또는 그 별의 무리에 이름을 붙인 것

오리온자리는 겨울에 볼 수 있는 별자리이다.

관측

자연에서 일어나는 일을 조사하는 것. 또는 일을 잘 살펴서 앞일을 알아내는 것

천체 망원경으로 별자리를 관측했다.

02 | 여러 날 동안 달의 모양과 위치는 어떻게 달라질까요?

천체
우주에 있는 모든 물체
태양은 빛을 내는 천체이다.

위성
행성의 주위를 도는 작은 천체
달은 지구의 하나밖에 없는 위성이다.

반사
빛이나 소리 같은 것이 어떤 물체에 부딪혀서 방향이 바뀌는 것
햇빛이 거울에 반사되어 눈부셨다.

표면
사물의 겉으로 드러난 면
달의 표면에는 유성이 충돌한 자국이 있다.

둘레
어떤 것의 테두리나 가장자리
지구는 태양의 둘레를 공전한다.

주기
어떠한 일이 한 번 나타나고 다시 나타나기까지의 동안 또는 그 일이 되풀이될 때까지의 일정한 시간
달의 모양은 약 30일을 주기로 변한다.

초승달
가느다란 눈썹처럼 생긴 달로 음력 초순(1~10일까지의 열흘 동안)에 뜨는 달
음력 3~4일 무렵 초승달을 볼 수 있다.

상현달
오른쪽이 둥근 반달로 매달 음력 7~8일에 뜨는 달
상현달은 반달 모양 중 밝은 부분이 오른쪽인 달이다.

하현달
왼쪽이 둥근 반달로 매달 음력 22~23일에 뜨는 달
하현달은 반달 모양 중 밝은 부분이 왼쪽인 달이다.

그믐달

음력 그믐께(음력으로 한 달의 마지막 날) 뜨는 달

그믐달은 새벽에 잠시 볼 수 있다.

음력

달이 지구 둘레를 한 바퀴 도는 데 걸리는 시간을 기준으로 만든 달력

달력에 작은 글씨로 적힌 날짜가 음력이다.

3단원

01 여러 가지 기체의 성질은 무엇이며, 생활 속에서 어떻게 이용될까요?

공기

여러 가지 기체가 고유한 성질을 유지한 채 섞여 있는 혼합물

공기 속에는 질소와 산소, 이산화탄소가 섞여 있다.

기체

공기나 연기처럼 정해진 형태 없이 온도나 압력에 따라 부피가 쉽게 달라지는 물질

공기 중 가장 많은 기체는 질소이다.

고유

사물이 본래부터 가지고 있는 특별한 것

산소는 고유한 성질이 있다.

성질

사물이 가지고 있는 고유한 특성

산소의 성질은 금속을 녹슬게 한다.

유지

어떤 상태나 상황을 그대로 이어 나감

물의 온도를 일정하게 유지해야 한다.

혼합물

두 가지 이상의 물질이 뒤섞여 한데 합쳐진 물질

공기는 여러 가지 기체가 섞여 있는 혼합물이다.

질소

공기 중 가장 많이 포함된 기체로 색깔과 냄새가 없다.

과자 봉지에 질소를 가득 넣었다.

산소

사람과 동물이 숨 쉬는 데 필요한 기체로 색깔과 냄새가 없는 물질.
다른 물질이 불에 타는 것을 도움

산소는 사람이 호흡할 때 꼭 필요하다.

이산화탄소

색깔과 냄새가 없고 불을 끄는 성질이 있음. 동물이 숨을 내쉬거나 탄소가 완전히 탈 때 생기는 기체

이산화탄소를 얼리면 드라이아이스가 된다.

수소

불에 잘 타고 가장 가벼운 기체로 색깔과 냄새가 없음

수소는 오염 물질이 생기지 않아 천연 에너지로 쓰인다.

네온

대기 중에 가스 상태로 아주 작은 양이 존재하는 기체. 여러 기체의 하나로 전기가 흐르는 유리관에 넣으면 여러 빛깔을 내는 성질이 있음

그 가게는 네온 간판 때문에 멀리서도 잘 보인다.

헬륨

공기 중 적은 양이 존재하고, 수소 다음으로 가벼운 기체

풍선을 띄울 때 헬륨 가스를 이용한다.

아르곤

색깔과 냄새가 없는 기체로 형광등, 백열전구 등에 쓰임

아르곤은 형광등 안에 넣는 기체이다.

이산화망가니즈

망가니즈와 산소로 이루어진 물질. 검은빛이 도는 짙은 갈색 가루로 성냥, 물감, 유리 등을 만드는 데 쓰임

산소 발생 실험에 이산화망가니즈가 필요하다.

아이오딘화 칼륨

색깔이 없는 정육면체 결정으로 살균제나 사진 현상액으로 쓰임

아이오딘화 칼륨에 묽은 과산화수소수를 섞으면 산소가 발생한다.

과산화 수소수

산소와 수소로 이루어진 기체로 소독제나 표백제 등에 쓰임

상처가 나면 과산화수소수로 소독한다.

발생

어떤 일이 생기거나 사물이 생겨남

공기 중 이산화탄소가 많아지면 공기 오염을 발생시킨다.

물질

물체를 이루고 있는 재료 또는 본바탕

나무는 물에 뜨는 물질이다.

탄산수소 나트륨

색깔이 없고 물에 녹여 끓이면 이산화탄소가 나오는 물질. 탄산음료, 약품 등에 쓰임

상처가 나면 과산화수소수로 소독한다.

구연산

레몬, 감귤 같은 과일 속에 들어 있는 신맛을 내는 물질. 탄산음료나 약품 등에 쓰임

구연산은 음료수에 신맛을 낸다.

석회수

수산화칼슘을 물에 녹인 색깔이 없고 투명한 액체로 강한 염기성을 띠고 있음

석회수는 살균제로 쓰인다.

뿌옇다

안개가 낀 듯 선명하지 못하고 조금 허옇다.

바닷가에 안개가 뿌옇게 끼어 있다.

접근

가깝게 다가감

공사장에 접근하면 위험하다.

차단

액체나 기체 등의 흐름을 통하지 않도록 막은 것

이산화탄소는 불이 났을 때 산소의 접근을 차단한다.

현상

어떤 일이 실제로 일어나거나 나타나는 것

공기 중 이산화탄소가 많아지면 지구온난화 현상이 나타난다.

구성

사람이나 몇 가지 부분을 모아서 하나로 만드는 일

학교에서 공연을 하려고 합창단을 구성했다.

압축

물질 따위에 힘을 가해서 부피를 줄임

기체는 압축되면 부피가 줄어든다.

소화기

불을 끄는 기구

학생들은 소화기 사용법을 배웠다.

신선하다

음식이 시들거나 상하지 않고 상태가 좋음

갓 따온 사과가 신선하다.

반응

두 개 이상의 물질 사이에서 화학 변화가 일어남

산소와 수소가 반응하면 물이 된다.

생성

없던 사물이 생겨남

바람의 힘으로 전기에너지를 생성한다.

주목

주의 깊게 살핌

요즘 우리나라 드라마가 세계의 주목을 받고 있다.

조명기구

빛을 밝게 비추는 기구

집안에는 조명기구가 필요하다.

02 온도와 압력에 따른 기체의 부피 변화를 알아볼까요?

부피

물체나 물질이 차지하는 공간의 크기

물이 얼음이 되면 부피가 늘어난다.

입자

물질을 이루는 아주 작은 크기의 물체

기체는 작은 입자로 이루어져 있다.

둔하다

움직임이 느리고 무겁다.

옷을 껴입었더니 움직임이 둔하다.

볼록

물체가 겉으로 도드라지게 튀어 나온 모양

우유를 먹은 아기의 배가 볼록하게 나왔다.

오목

가운데가 둥그렇게 들어가 있는 모양

웅덩이가 오목하게 파였다.

잦아들다

거세고 강했던 기운이 서서히 줄어들어 가다.

불길이 잦아들었다.

압력

누르는 힘

풍선에 압력을 가하면 터질 수 있다.

잠수부

물속에서 일하는 사람

잠수부들이 산소통을 메고 바닷속 깊이 들어갔다.

수면

물의 가장 바깥면

달이 잔잔한 수면에 비친다.

01 | 식물의 뿌리, 줄기, 잎의 구조와 기능은 무엇일까요?

세포
식물이나 동물의 조직을 이루는 기본 단위
과학 시간에 현미경으로 식물의 세포를 관찰하였다.

현미경
맨눈으로 볼 수 없을 만큼 작은 물체나 물질을 크게 보이게 하는 기구
과학 시간에 식물의 세포를 현미경으로 관찰했더니 평소에 보지 못했던 것들이 보여서 재미있었다.

핵
현상이나 사물의 중심
세포는 가운데 핵이 있다.

세포막
세포질을 둘러싸고 있는 막
식물과 동물의 세포는 핵 위에 얇은 세포막으로 둘러싸여 있다.

세포벽
식물 세포의 가장 바깥쪽에 있는 튼튼한 막
식물 세포는 세포벽이 세포막을 둘러싸고 있으나, 동물 세포는 그렇지 않다.

생김새
생긴 모습
꽃의 생김새를 자세히 관찰하니 더욱 예쁘구나.

지탱하다
어떤 것을 오래 받치거나 버티다.
커다란 네 개의 기둥이 건물을 지탱하고 있다.

뿌리털
식물의 뿌리 끝에 있는 가늘고 부드러운 털
식물의 뿌리에 있는 뿌리털은 물을 잘 흡수하도록 도와준다.

흡수하다

어떤 것을 빨아들이다.

식물은 뿌리를 이용해 물을 흡수한다.

양분

생물이 살아가는 데 필요한 영양이 되는 성분

식물은 스스로 양분을 만들어 낸다.

통로

통하여 오가는 길

사람들이 불편할 수 있으니 통로를 막으면 안 된다.

토란

물기가 많은 밭에 심는 풀로 열대와 온대 지방에 널리 분포함. 뿌리에서 잎이 나와 높고 크게 자라며 잎자루와 덩이줄기를 먹음

추석에 토란으로 국을 끓였더니 정말 맛있었다.

해충

인간의 생활에 피해를 주는 해로운 벌레. 사람의 몸에 붙는 벼룩이나 농작물에 피해를 주는 응애가 대표적임

얼마 전 벼룩이라는 해충이 국내에 유입되어 사람들이 두려워하고 있다.

세균

생물체 가운데 가장 작은 생물로 몸이 세포 하나로 이루어져 있음

손을 씻지 않으면 세균에 감염되기 쉽다.

잎몸

잎맥이 분포되어 있는 잎의 납작한 부분으로 잎사귀를 이루는 넓은 몸통을 의미함

잎사귀를 이루는 잎몸이 납작하고 평평하면 식물이 햇빛을 많이 받을 수 있다.

잎자루

잎몸을 줄기나 가지에 붙어 있게 하는 자루 꼭지 부분

잎몸이 줄기에 붙어 있을 수 있는 건 잎자루 때문이다.

잎맥

잎에 이리저리 뻗어 있는 가느다란 줄로 수분과 양분의 통로가 됨

잎에는 얇고 가는 선이 있는데 이것을 잎맥이라고 한다.

광합성

녹색 식물이 햇빛을 이용하여 이산화탄소와 수분으로 녹말 같은 것을 만들어 내는 과정

식물은 광합성을 통하여 양분을 만들어 낸다.

녹말

1. 감자, 옥수수 등을 갈아서 가라앉힌 앙금을 말린 가루 유 전분
2. 녹색의 식물 안에서 광합성 작용으로 만들어져 저장되는 탄수화물

식물은 광합성 작용으로 녹말을 만들어 낸다.

증산작용

식물의 몸 안에 있는 수분이 수증기가 되어 밖으로 나오는 일

증산작용을 통해 식물의 온도를 유지할 수 있다.

수증기

기체 상태의 물

양분을 만들고 남은 물은 수증기가 되어 기공을 통해 밖으로 나간다.

기공

식물의 잎과 줄기의 겉껍질에 있는 작은 구멍으로 공기나 물방울이 드나드는 길

식물의 잎에 있는 기공은 식물 내의 수분을 조절해 준다.

조절하다

균형을 맞춰 바로잡다.

식물은 증산작용을 통해 온도를 조절한다.

02 식물의 꽃과 열매의 구조와 기능은 무엇일까요?

꽃받침

꽃의 가장 바깥쪽에서 꽃잎을 받치고 있는 부분

꽃은 꽃받침, 꽃잎, 암술, 수술로 이루어져 있다.

수술

식물의 꽃에 있는 것으로 꽃가루를 만드는 부분

수술에 있는 꽃가루가 암술에 옮겨 붙는 것을 수분이라고 한다.

암술

식물의 꽃에 있는 것으로 수술의 꽃가루를 받아 씨를 만드는 기관

수술에 있는 꽃가루가 암술에 옮겨 붙는 것을 꽃가루받이라고 한다.

꽃가루받이

식물의 수술에 있는 꽃가루가 암술머리에 옮겨 붙는 일. 바람, 곤충이나 새의 도움을 받아 이루어짐 유 수분

꽃가루받이를 통해 식물의 씨가 만들어진다.

유인하다

흥미나 주의를 일으켜서 남을 꾀어내다.

얇은 관에 빠진 길고양이를 먹을 것으로 유인하여 구출하였다.

도꼬마리

들판이나 길가에 자라는 풀로 줄기에 거친 털이 많음. 잎은 삼각형으로 가장자리에 톱니가 있고, 열매는 갈고리 같은 가시가 많이 나 있어 짐승 털 등에 잘 붙음

산에 갔다가 도꼬마리 열매가 잔뜩 붙어서 떼어내느라 힘들었다.

머루

포도과의 덩굴나무. 앞뒷면에 붉은 색을 띤 갈색 털이 있으며, 포도처럼 자줏빛의 열매가 송이송이 열림

할아버지께서 머루를 잔뜩 따오셨다.

배설

1. 똥오줌을 누는 것
2. 동물이 섭취한 영양소에서 필요한 물질을 섭취한 후 생긴 노폐물을 밖으로 내보내는 일

산에는 동물의 배설물이 많으니 피해서 걸어 다녀야지.

갈고리

물건을 걸고 끌어당기는 데 쓰는 도구. 끝이 뾰족하고 'ㄱ' 자로 구부러져 있으며 흔히 쇠로 만듦

간호사가 갈고리 모양의 걸이에 주사병을 걸었다.

생체

생물의 몸이나 살아 있는 몸

인간을 위한 생체 실험에 동물이 이용되는 것이 매우 유감이다.

모방

다른 것을 본뜨거나 흉내 내서 그대로 따라 하는 것 반 창조

모방은 창조의 어머니라는 말이 있다.

기술

1. 과학 이론을 적용하여 인간 생활에 필요한 사물을 만들어 내는 수단
2. 어떤 것을 고치거나 잘 만들어 다루는 방법

기술의 발달로 인간은 더욱 편리한 삶을 살 수 있다.

생체 모방 기술

생물이 가진 유용한 기능을 모방하여 인간 생활에 편리하게 적용하는 기술

생체 모방 기술을 이용한 발명품은 우리 생활을 편리하게 해 준다.

01 프리즘을 통과한 햇빛의 특징과 빛의 굴절에 대해 알아볼까요?

빛

해, 달, 전등 등에서 나오는 밝은 것 또는 사물을 환하게 비추는 것

빛은 여러 가지 성질을 가지고 있다.

실제

있는 그대로의 사실. 정말로 그러한 것

물속에 있는 다리가 물 밖에서 보면 실제보다 짧아 보인다.

프리즘

빛이 휘어지거나 흩어지게 하는 세모 모양의 유리 기둥

폭포나 분수의 작은 물방울들은 프리즘 역할을 한다.

통과

어떤 곳이나 때를 거치는 것. 멈췄다 가지 않고 그냥 지나치는 것

기차는 이번 역을 통과해서 지나갔다.

투명

속이 환히 보일 만큼 맑음

투명한 유리컵에 우유를 부었다.

기구

간단하게 다룰 수 있는 도구나 기계

유리나 플라스틱 등으로 만든 투명한 기구가 프리즘이다.

꺾이다

휘어 구부러지거나 굽혀지다.

빛은 물속에서 공기 중으로 나올 때 꺾인다.

정도

어떤 것의 분량이나 수준, 범위를 나타내는 말

프리즘을 통과한 빛은 빛의 색에 따라 각각 꺾이는 정도가 달라서 여러 가지 색으로 나타난다.

역할

맡아서 해야 하는 일 또는 맡은 바 임무

연극 발표회에서 주인공 역할을 맡았다.

원리

사물의 근본 이치

폭포 주변에서 보이는 무지개도 비가 그친 뒤 나타나는 무지개와 같은 원리로 생긴다.

물체

모양이나 형태가 있어 보고 만질 수 있는 것

우리가 눈으로 어떤 물체를 볼 수 있는 것은 빛 때문이다.

현상

직접 보거나 느껴서 알 수 있는 어떤 사물의 모양이나 상태

일식은 지구에서 보았을 때 달이 가려지는 현상을 말한다.

물질

물체를 만드는 원료

책상은 형태가 있어 보고 만질 수 있으니 물체이고, 책상을 만드는 원료인 나무는 물질이다.

경계면

서로 다른 물질이 맞닿아 있는 면

빛이 공기 중에서 물속으로 비스듬히 들어갈 때, 공기와 물의 경계면에서 꺾인다.

직진

앞으로 곧게 나아감

직진하던 빛이 어떤 물체를 만나면 그림자가 생긴다.

굴절

구부러지거나 휘어서 꺾임

빛의 굴절 현상은 우리 주변에서 흔히 찾을 수 있다.

얕다

물이나 구덩이의 겉으로 드러난 면부터 바닥까지의 길이가 짧다.

계곡이나 수영장 물의 깊이가 실제보다 얕게 보인다.

연장선

직선의 한쪽에서 그 방향으로 계속 이어지는 선

사람은 눈으로 들어온 빛의 연장선에 물체가 있다고 생각한다.

반사

빛이나 소리가 한 방향으로 나아가다 어떤 물체에 부딪혀서 방향을 바꾸어 나감

반사되어 나온 빛이 우리 눈에 들어오기 때문에 물체를 볼 수 있다.

02 볼록 렌즈의 특징과 생활 속 활용에 대해 알아볼까요?

돋보기

작은 글씨를 크고 잘 보이게 만든 안경. 볼록 렌즈에 손잡이를 단 물건

할아버지께서는 글자를 보시려고 돋보기를 쓰셨다.

볼록 렌즈

렌즈의 가운데 부분이 가장자리보다 두꺼운 렌즈

볼록 렌즈는 가운데 부분이 가장자리보다 두꺼운 렌즈이다.

가장자리

어떤 것의 둘레나 끝에 해당하는 부분

떡볶이를 먹은 아이의 입 가장자리가 붉어졌다.

상

어떤 물체가 빛을 받아 거울이나 렌즈에 비친 것

물체가 볼록 렌즈에서 멀리 있으면 상이 작고 거꾸로 보인다.

상하좌우

위와 아래, 왼쪽과 오른쪽을 모두 의미하는 한자어

지진이 일어났을 때 땅이 상하좌우로 마구 흔들렸다.

편리

편하고 도움이 되어 쓰기 쉬움

볼록 렌즈를 이용하여 만든 도구는 우리 생활을 더욱 편리하게 해 준다.

확대

모양이나 크기를 더 크게 함

볼록 렌즈를 사용하면 작은 물체를 크게 확대해서 볼 수 있다.

광학

빛의 성질과 현상에 대해 연구하는 학문

광학 현미경을 이용하면 작은 물체를 크게 볼 수 있다.

망원경

멀리 있는 물체를 크게 보이도록 만든 기구

천문대에는 별을 관측할 수 있는 다양한 망원경들이 있다.

전조등

기차나 자동차와 같이 탈것의 앞부분에 달아 앞을 밝히는 등

마주 달려오는 자동차의 전조등 불빛 때문에 눈이 부셨다.

정답

2단원 - 지구와 달의 운동

01 지구의 자전과 공전으로 어떤 현상이 나타날까요?

25쪽 - 생각 열기

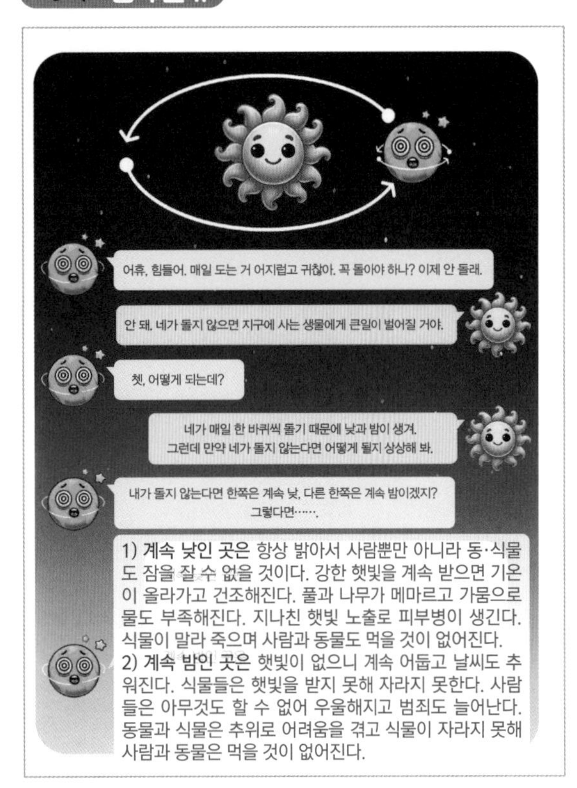

28쪽 - 내용이 쏙쏙

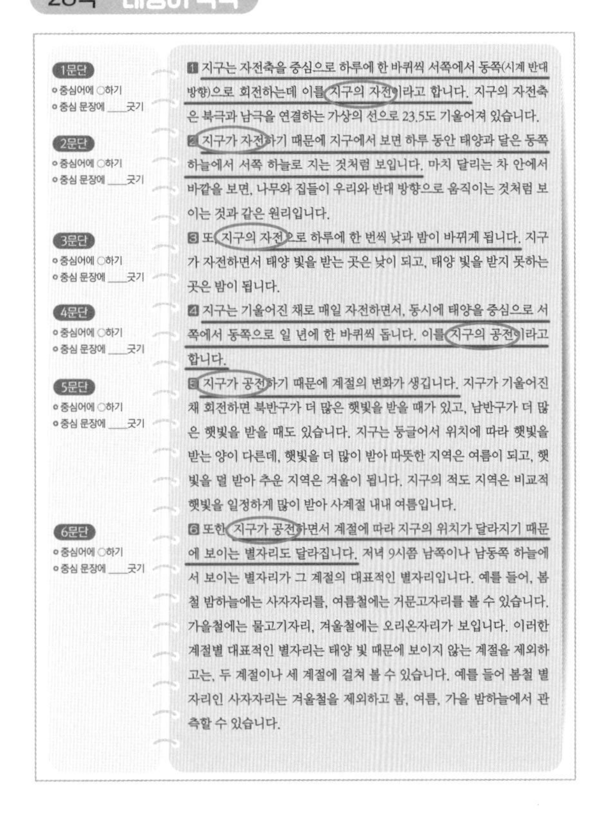

1문단
- 중심어에 ○하기
- 중심 문장에 ___긋기

2문단
- 중심어에 ○하기
- 중심 문장에 ___긋기

3문단
- 중심어에 ○하기
- 중심 문장에 ___긋기

4문단
- 중심어에 ○하기
- 중심 문장에 ___긋기

5문단
- 중심어에 ○하기
- 중심 문장에 ___긋기

6문단
- 중심어에 ○하기
- 중심 문장에 ___긋기

1 지구는 자전축을 중심으로 하루에 한 바퀴씩 서쪽에서 동쪽(시계 반대 방향)으로 회전하는데 이를 지구의 자전이라고 합니다. 지구의 자전축은 북극과 남극을 연결하는 가상의 선으로 23.5도 기울어져 있습니다.

2 지구가 자전하기 때문에 지구에서 보면 하루 동안 태양과 달은 동쪽 하늘에서 서쪽 하늘로 지는 것처럼 보입니다. 마치 달리는 차 안에서 바깥을 보면, 나무와 집들이 우리와 반대 방향으로 움직이는 것처럼 보이는 것과 같은 원리입니다.

3 또, 지구의 자전으로 하루에 한 번씩 낮과 밤이 바뀌게 됩니다. 지구가 자전하면서 태양 빛을 받는 곳은 낮이 되고, 태양 빛을 받지 못하는 곳은 밤이 됩니다.

4 지구는 기울어진 채로 매일 자전하면서, 동시에 태양을 중심으로 서쪽에서 동쪽으로 일 년에 한 바퀴씩 돕니다. 이를 지구의 공전이라고 합니다.

5 지구가 공전하기 때문에 계절의 변화가 생깁니다. 지구가 기울어진 채 회전하면 북반구가 더 많은 햇빛을 받을 때가 있고, 남반구가 더 많은 햇빛을 받을 때도 있습니다. 지구는 둥글어서 위치에 따라 햇빛을 받는 양이 다른데, 햇빛을 더 많이 받아 따뜻한 지역은 여름이 되고, 햇빛을 덜 받아 추운 지역은 겨울이 됩니다. 지구의 적도 지역은 비교적 햇빛을 일정하게 많이 받아 사계절 내내 여름입니다.

6 또한 지구가 공전하면서 계절에 따라 지구의 위치가 달라지기 때문에 보이는 별자리도 달라집니다. 저녁 9시쯤 남쪽이나 남동쪽 하늘에서 보이는 별자리가 그 계절의 대표적인 별자리입니다. 예를 들어, 봄철 밤하늘에는 사자자리를, 여름철에는 거문고자리를 볼 수 있습니다. 가을철에는 물고기자리, 겨울철에는 오리온자리가 보입니다. 이러한 계절별 대표적인 별자리는 태양 빛 때문에 보이지 않는 계절을 제외하고는, 두 계절이나 세 계절에 걸쳐 볼 수 있습니다. 예를 들어 봄철 별자리인 사자자리는 겨울철을 제외하고 봄, 여름, 가을 밤하늘에서 관측할 수 있습니다.

29쪽 - 그래픽 조직자

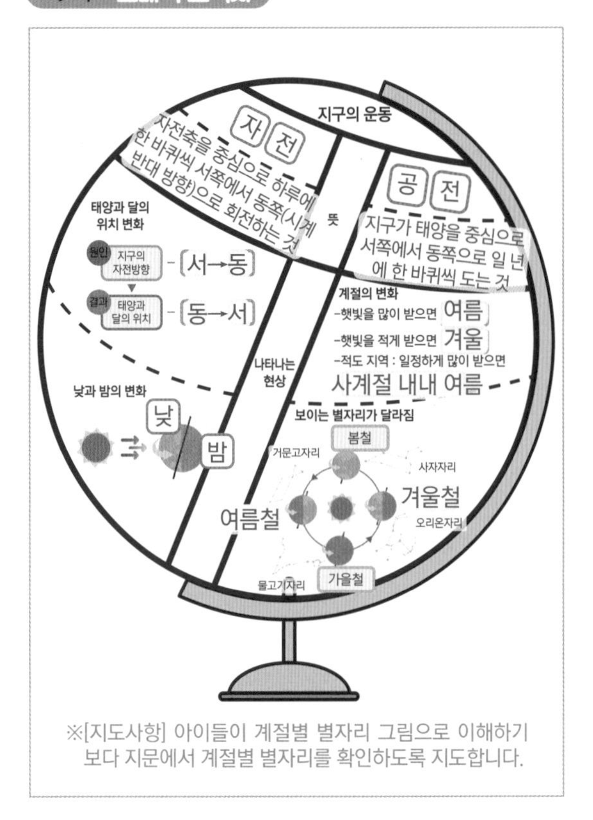

※[지도사항] 아이들이 계절별 별자리 그림으로 이해하기보다 지문에서 계절별 별자리를 확인하도록 지도합니다.

31쪽 - 기억 꺼내기

02 여러 날 동안 달의 모양과 위치는 어떻게 달라질까요?

33쪽 - 생각 열기

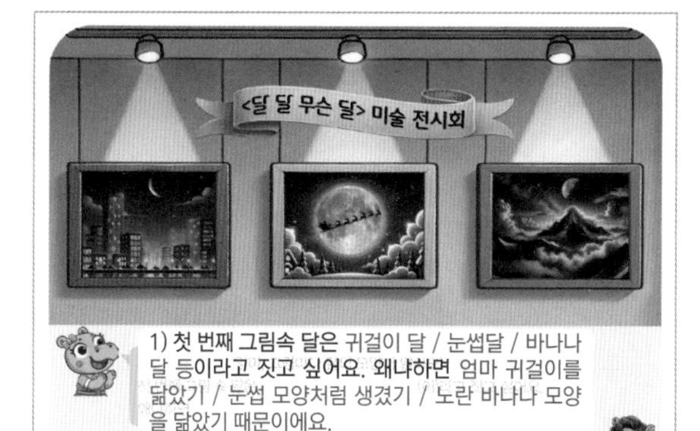

1) 첫 번째 그림속 달은 귀걸이 달 / 눈썹달 / 바나나 달 등이라고 짓고 싶어요. 왜냐하면 엄마 귀걸이를 닮았기 / 눈썹 모양처럼 생겼기 / 노란 바나나 모양을 닮았기 때문이에요.

손등이 눈앞에 보이게 오른손을 펴 봐. 북반구를 기준으로, 달의 모습이 오른손의 엄지손톱 같이 왼쪽으로 보이면 그믐달이란다.

2) 보름달은 호떡 달, 호빵 달, 접시 달 등이라고 짓고 싶어요. 왜냐하면 동그란 호떡을 / 겨울에 먹는 호빵을 / 하얀 접시를 닮았기 때문이에요.

맞아! 옛날 사람들은 보름달의 무늬를 보며 달에 사는 토끼가 떡방아를 찧는다고 생각했지. 하지만 미국 우주선 아폴로 11호가 달에 착륙해 어떤 생명체도 없다는 것을 확인했단다.

3) 이 달은 쿠키 달, 송편 달, 반달 돌칼 달, 각도기 달 등이라고 짓고 싶어요. 왜냐하면 둥근 쿠키를 한입 먹은 모양을 닮았기 / 추석에 먹는 송편처럼 생겼기 / 역사책에서 본 반달 돌칼을 / 각도기를 닮았기 때문이에요.

이 달은 하현달이야. 그림마다 달의 모양이 달라서 기억하기 어렵지? 양손을 주먹 쥐고 마주보게 했을 때 왼쪽으로 볼록한 왼손을 하현달로 기억하렴.

※[지도사항] 아이들이 달과 닮은 것을 주변에서 흔히 볼 수 있는 것으로 연상할 수 있도록 지도합니다.

36쪽 - 내용이 쏙쏙

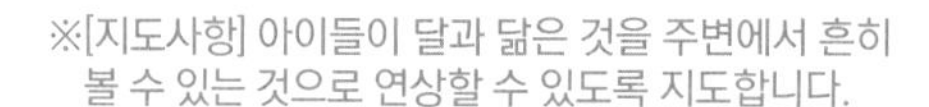

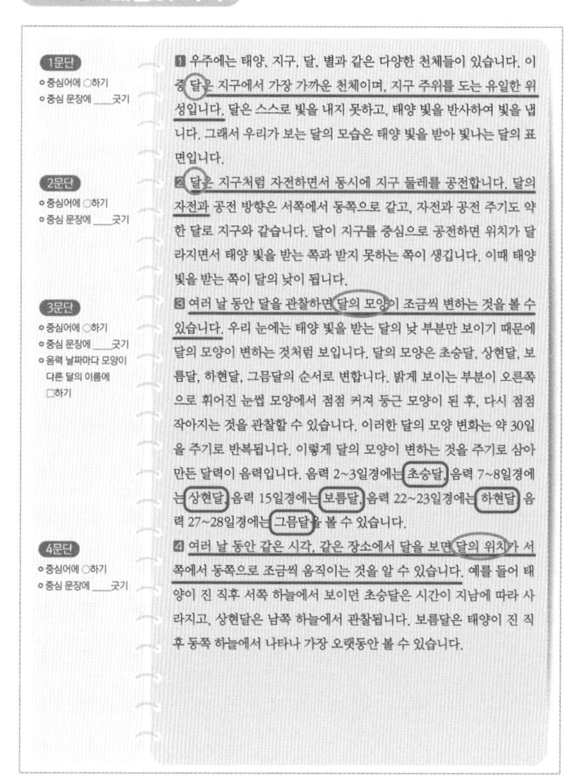

1문단
- 중심어에 ○하기
- 중심 문장에 ___긋기

1 우주에는 태양, 지구, 달, 별과 같은 다양한 천체들이 있습니다. 이 중 달은 지구에서 가장 가까운 천체이며, 지구 주위를 도는 유일한 위성입니다. 달은 스스로 빛을 내지 못하고, 태양 빛을 반사하여 빛을 냅니다. 그래서 우리가 보는 달의 모습은 태양 빛을 받아 빛나는 달의 표면입니다.

2문단
- 중심어에 ○하기
- 중심 문장에 ___긋기

2 달은 지구처럼 자전하면서 동시에 지구 둘레를 공전합니다. 달의 자전과 공전 방향은 서쪽에서 동쪽으로 같고, 자전과 공전 주기도 약 한 달로 지구와 같습니다. 달이 지구를 중심으로 공전하면 위치가 달라지면서 태양 빛을 받는 쪽과 받지 못하는 쪽이 생깁니다. 이때 태양 빛을 받는 쪽이 달의 낮이 됩니다.

3문단
- 중심어에 ○하기
- 중심 문장에 ___긋기
- 음력 날짜마다 모양이 다른 달의 이름에 □하기

3 여러 날 동안 달을 관찰하면 달의 모양이 조금씩 변하는 것을 볼 수 있습니다. 우리 눈에는 태양 빛을 받는 달의 낮 부분만 보이기 때문에 달의 모양이 변하는 것처럼 보입니다. 달의 모양은 초승달, 상현달, 보름달, 하현달, 그믐달의 순서로 변합니다. 밝게 보이는 부분이 오른쪽으로 휘어진 눈썹 모양에서 점점 커져 둥근 모양이 된 후, 다시 점점 작아지는 것을 관찰할 수 있습니다. 이러한 달의 모양 변화는 약 30일을 주기로 반복됩니다. 이렇게 달의 모양이 변하는 것을 주기로 삼아 만든 달력이 음력입니다. 음력 2~3일경에는 초승달, 음력 7~8일경에는 상현달, 음력 15일경에는 보름달, 음력 22~23일경에는 하현달, 음력 27~28일경에는 그믐달을 볼 수 있습니다.

4문단
- 중심어에 ○하기
- 중심 문장에 ___긋기

4 여러 날 동안 같은 시각, 같은 장소에서 달을 보면 달의 위치가 서쪽에서 동쪽으로 조금씩 움직이는 것을 알 수 있습니다. 예를 들어 태양이 진 직후 서쪽 하늘에서 보이던 초승달은 시간이 지남에 따라 사라지고, 상현달은 남쪽 하늘에서 관찰됩니다. 보름달은 태양이 진 직후 동쪽 하늘에서 나타나 가장 오랫동안 볼 수 있습니다.

37쪽 - 그래픽 조직자

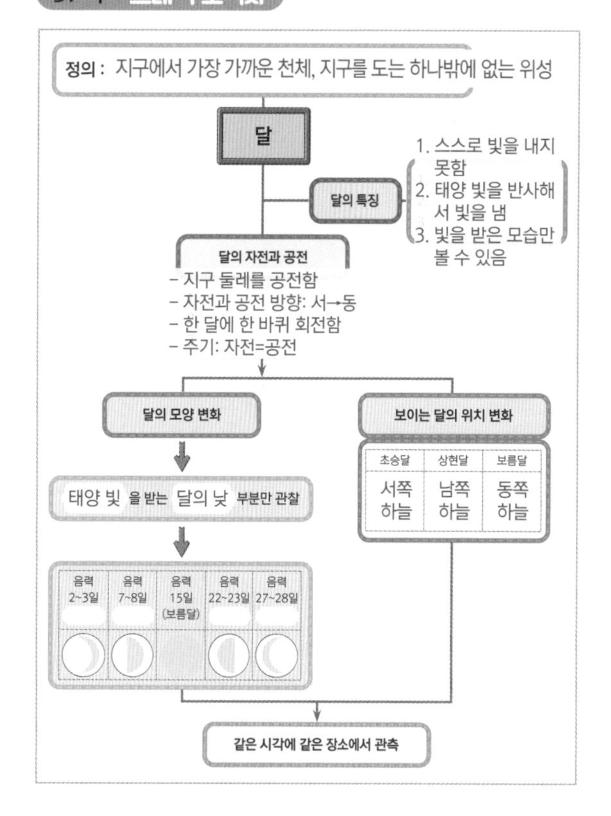

39쪽 - 기억 꺼내기

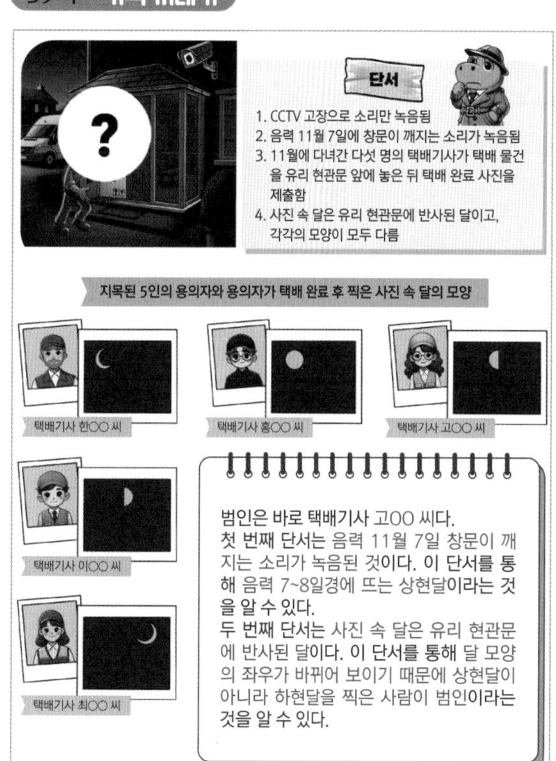

범인은 바로 택배기사 고OO 씨다.
첫 번째 단서는 음력 11월 7일 창문이 깨지는 소리가 녹음된 것이다. 이 단서를 통해 음력 7~8일경에 뜨는 상현달이라는 것을 알 수 있다.
두 번째 단서는 사진 속 달은 유리 현관문에 반사된 달이다. 이 단서를 통해 달 모양의 좌우가 바뀌어 보이기 때문에 상현달이 아니라 하현달을 찍은 사람이 범인이라는 것을 알 수 있다.

정답

40쪽 - 어휘 놀이터

41쪽 - 스스로 생각하기

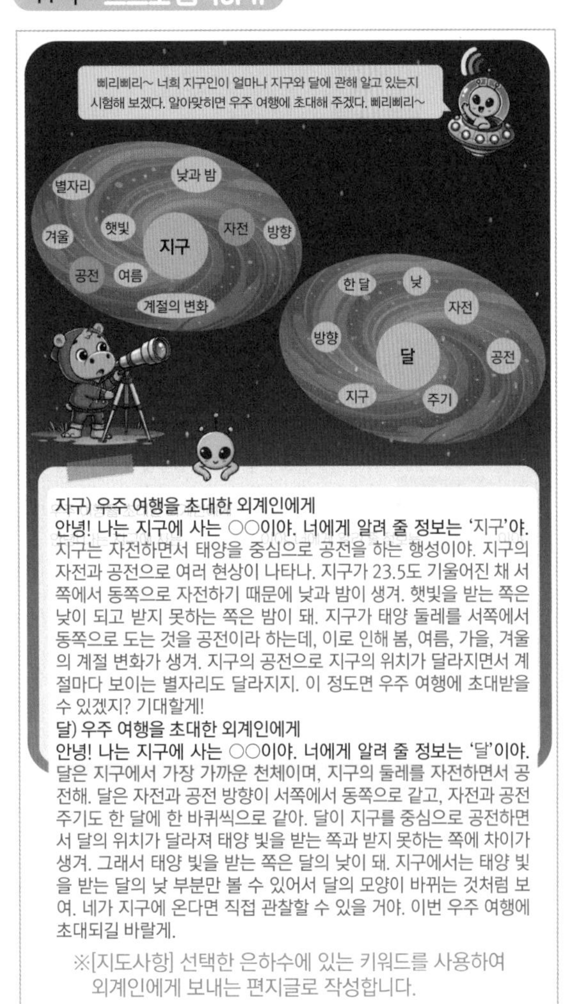

지구) 우주 여행을 초대한 외계인에게
안녕! 나는 지구에 사는 ○○이야. 너에게 알려 줄 정보는 '지구'야. 지구는 자전하면서 태양을 중심으로 공전을 하는 행성이야. 지구의 자전과 공전으로 여러 현상이 나타나. 지구가 23.5도 기울어진 채 서쪽에서 동쪽으로 자전하기 때문에 낮과 밤이 생겨. 햇빛을 받는 쪽은 낮이 되고 받지 못하는 쪽은 밤이 돼. 지구가 태양 둘레를 서쪽에서 동쪽으로 도는 것을 공전이라 하는데, 이로 인해 봄, 여름, 가을, 겨울의 계절 변화가 생겨. 지구의 공전으로 지구의 위치가 달라지면서 계절마다 보이는 별자리도 달라지지. 이 정도면 우주 여행에 초대받을 수 있겠지? 기대할게!

달) 우주 여행을 초대한 외계인에게
안녕! 나는 지구에 사는 ○○이야. 너에게 알려 줄 정보는 '달'이야. 달은 지구에서 가장 가까운 천체이며, 지구의 둘레를 자전하면서 공전해. 달은 자전과 공전 방향이 서쪽에서 동쪽으로 같고, 자전과 공전 주기도 한 달에 한 바퀴씩으로 같아. 달이 지구를 중심으로 공전하면서 달의 위치가 달라져 태양 빛을 받는 쪽과 받지 못하는 쪽에 차이가 생겨. 그래서 태양 빛을 받는 쪽은 달의 낮이 돼. 지구에서는 태양 빛을 받는 달의 낮 부분만 볼 수 있어서 달의 모양이 바뀌는 것처럼 보여. 네가 지구에 온다면 직접 관찰할 수 있을 거야. 이번 우주 여행에 초대되길 바랄게.

※[지도사항] 선택한 은하수에 있는 키워드를 사용하여 외계인에게 보내는 편지글로 작성합니다.

3단원 - 여러 가지 기체

01 여러 가지 기체의 성질은 무엇이며, 생활에서 어떻게 이용될까요?

45쪽 - 생각 열기

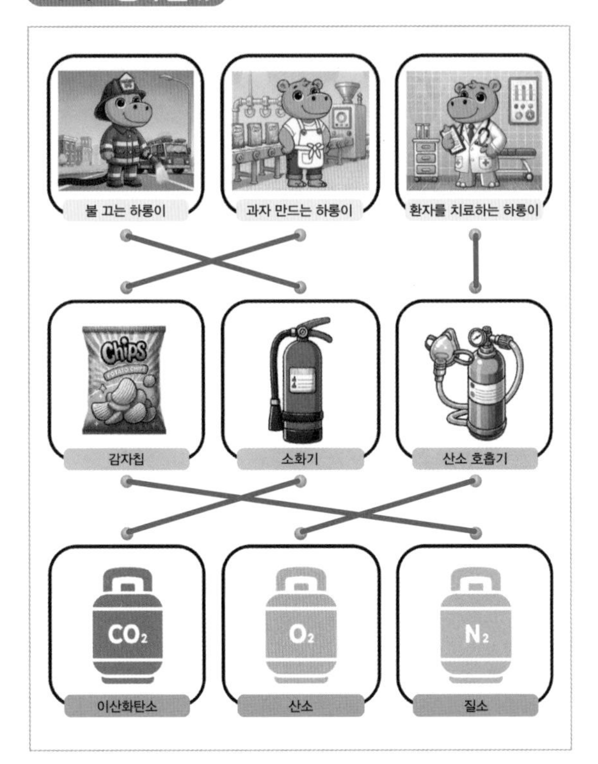

48쪽 - 내용이 쏙쏙

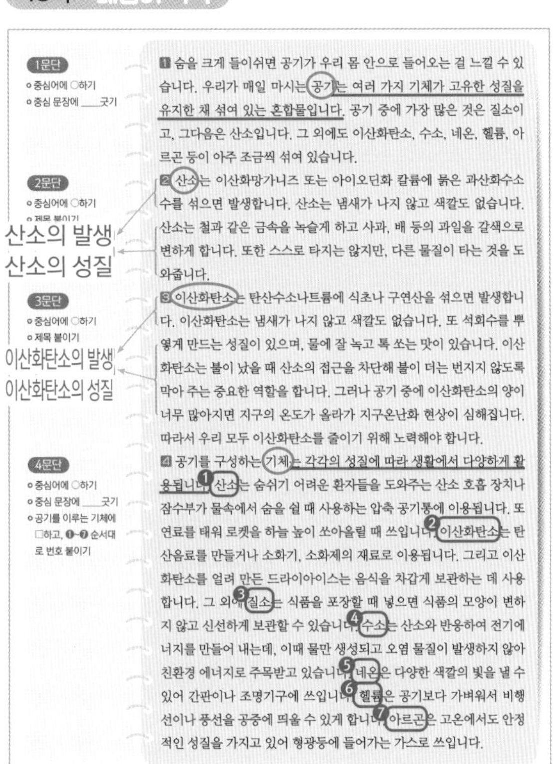

1문단
- 중심어에 ○하기
- 중심 문장에 ___ 긋기

2문단
- 중심어에 ○하기
- 제목 붙이기

산소의 발생
산소의 성질

3문단
- 중심어에 ○하기
- 제목 붙이기

이산화탄소의 발생
이산화탄소의 성질

4문단
- 중심어에 ○하기
- 중심 문장에 ___ 긋기
- 공기를 이루는 기체에 □하고, ❶~❼ 순서대로 번호 붙이기

1 숨을 크게 들이쉬면 공기가 우리 몸 안으로 들어오는 걸 느낄 수 있습니다. 우리가 매일 마시는 공기는 여러 가지 기체가 고유한 성질을 유지한 채 섞여 있는 혼합물입니다. 공기 중에 가장 많은 것은 질소이고, 그다음은 산소입니다. 그 외에도 이산화탄소, 수소, 네온, 헬륨, 아르곤 등이 아주 조금씩 섞여 있습니다.

2 산소는 이산화망가니즈 또는 아이오딘화 칼륨에 묽은 과산화수소수를 섞으면 발생합니다. 산소는 냄새가 나지 않고 색깔도 없습니다. 산소는 철과 같은 금속을 녹슬게 하고 사과, 배 등의 과일을 갈색으로 변하게 합니다. 또한 스스로 타지는 않지만, 다른 물질이 타는 것을 도와줍니다.

3 이산화탄소는 탄산수소나트륨에 식초나 구연산을 섞으면 발생합니다. 이산화탄소는 냄새가 나지 않고 색깔도 없습니다. 또 석회수를 뿌옇게 만드는 성질이 있으며, 물에 잘 녹고 톡 쏘는 맛이 있습니다. 이산화탄소는 불이 났을 때 산소의 접근을 차단해 불이 더는 번지지 않도록 막아 주는 중요한 역할을 합니다. 그러나 공기 중에 이산화탄소의 양이 너무 많아지면 지구의 온도가 올라가 지구온난화 현상이 심해집니다. 따라서 우리 모두 이산화탄소를 줄이기 위해 노력해야 합니다.

4 공기를 구성하는 기체는 각각의 성질에 따라 생활에서 다양하게 활용됩니다. ❶ 산소는 숨쉬기 어려운 환자들을 도와주는 산소 호흡 장치나 잠수부가 물속에서 숨을 쉴 때 사용하는 압축 공기통에 이용됩니다. 또 연료를 태워 로켓을 하늘 높이 쏘아올릴 때 쓰입니다. ❷ 이산화탄소는 탄산음료를 만들거나 소화기, 소화제의 재료로 이용됩니다. 그리고 이산화탄소를 얼려 만든 드라이아이스는 음식을 차갑게 보관하는 데 사용합니다. 그 외에 ❸ 질소는 식품을 포장할 때 넣으면 식품의 모양이 변하지 않고 신선하게 보관할 수 있습니다. ❹ 수소는 산소와 반응하여 전기에너지를 만들어 내는데, 이때 물만 생성되고 오염 물질이 발생하지 않아 친환경 에너지로 주목받고 있습니다. ❺ 네온은 다양한 색깔의 빛을 낼 수 있어 간판이나 조명기구에 쓰입니다. ❻ 헬륨은 공기보다 가벼워서 비행선이나 풍선을 공중에 띄울 수 있게 합니다. ❼ 아르곤은 고온에서도 안정적인 성질을 가지고 있어 형광등에 들어가는 가스로 쓰입니다.

49쪽 - 그래픽 조직자

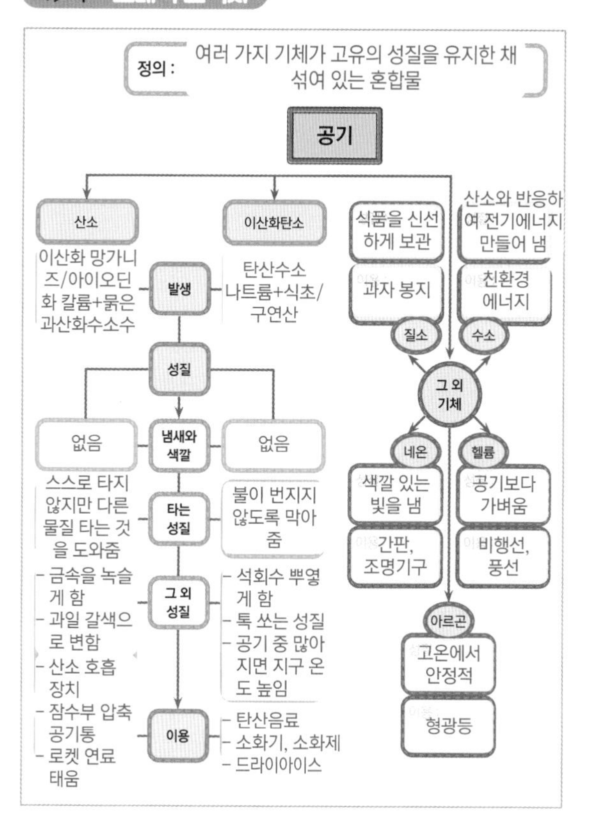

51쪽 - 기억 꺼내기

행사 풍선이 쪼그라들었어요!

풍선에 필요한 기체는 [헬륨]이다. 왜냐하면, 헬륨은 공기보다 가벼워서 비행선이나 풍선을 띄울 때 이용하기 때문이다.

간판 불빛이 나오지 않아요!

간판에 필요한 기체는 네온이다. 왜냐하면 네온은 다양한 색깔의 빛을 내기 때문이다.

과자는 눅눅하고, 탄산음료는 톡톡 쏘지 않고 설탕물처럼 달기만 해요!

과자에 필요한 기체는 질소이다. 왜냐하면 질소를 넣으면 식품의 모양이 변하지 않고 신선하게 보관할 수 있다. 그래서 과자 봉지에 질소를 가득 넣어 과자가 상하지 않게 도와주기 때문이다.

탄산음료에 필요한 기체는 이산화탄소이다. 이산화탄소는 탄산음료에 넣어 톡 쏘는 맛을 내기 때문이다.

갑자기 쓰러진 직원에게 심폐소생술을 하는데, 숨을 쉬지 않아요!

숨을 쉬지 않는 직원에게 필요한 기체는 산소이다. 왜냐하면 산소는 숨쉬기 어려운 환자의 호흡을 도와주기 때문이다.

환경을 생각해서 친환경 배송차로 바꿨는데, 연료가 부족해요!

친환경 배송차에 필요한 기체는 수소이다. 왜냐하면 수소는 산소와 반응하여 전기에너지를 만들 때 물이 생기고 오염 물질이 생기지 않아 친환경에너지로 이용하기 때문이다.

02 온도와 압력에 따른 기체의 부피 변화를 알아볼까요?

53쪽 - 생각 열기

하롱이는 풍선을 각각 다른 곳에 넣어 봤어요. 뜨거운 물이 들어 있는 수조, 얼음물이 들어 있는 수조, 탄산음료가 들어 있는 수조, 세 가지의 수조에 풍선을 넣고 관찰했어요. 그때, 뜨거운 물이 들어 있는 수조에 있는 빨간색 풍선이 부풀기 시작했어요. 왜냐하면 뜨거운 물에 있는 풍선 안의 기체 입자들이 온도가 높아져 활발하게 움직이면서 풍선의 부피가 늘어나기 때문에 부풀어 오르는 거지요.

※[지도사항] 기체의 온도가 뜨거울 때 기체 입자들이 활발하게 움직이면서 부피가 늘어나는 원리 때문에 풍선이 부풀어 오릅니다. 생각 열기에서는 자유롭게 상상해서 답을 쓰도록 지도해 주세요.

56쪽 - 내용이 쏙쏙

1문단
- 중심어에 ○하기
- 중심 문장에 ___긋기

2문단
- 중심어에 ○하기
- 중심 문장에 ___긋기

3문단
- 중심어에 ○하기
- 중심 문장에 ___긋기

4문단
- 중심어에 ○하기
- 중심 문장에 ___긋기

5문단
- 중심어에 ○하기
- 중심 문장에 ___긋기

1 과자 봉지가 빵빵하게 부풀어 오른 이유는 봉지 안에 질소 기체가 가득 차 있기 때문입니다. 기체는 눈에 보이지 않지만, 공간을 차지하며 이렇게 기체가 차지하는 공간의 크기를 부피라고 합니다.

2 기체는 온도가 높아지면 부피가 커지고, 온도가 낮아지면 부피가 작아집니다. 온도가 높아지면 기체 입자들이 더 활발하게 움직여서 서로 부딪히는 횟수가 증가하고, 그 결과 기체가 차지하는 공간인 부피가 커집니다. 반대로 온도가 낮아지면 기체 입자들의 움직임이 둔해져서 서로 부딪히는 횟수가 줄어들고, 기체가 차지하는 공간이 좁아져 부피는 작아집니다.

3 기체의 부피가 온도에 따라 달라지는 현상은 생활 속에서 다양하게 볼 수 있습니다. 예를 들어 전자레인지에 비닐 랩을 씌우고 음식을 데우면 윗면이 볼록하게 부풀어 오르고, 음식을 꺼내어 식히면 비닐 랩이 오목하게 들어갑니다. 이는 음식이 뜨거울 때는 기체 입자들이 활발하게 움직이면서 부피가 커지고, 음식이 식으면 기체의 움직임이 잦아들면서 부피가 작아지기 때문입니다. 또 기온이 높은 여름철에는 자전거 타이어 속 공기의 부피가 커져 평소보다 공기를 적게 넣어야 하지만, 기온이 낮은 겨울철에는 타이어 속 공기의 부피가 작아져 타이어가 찌그러지기 때문에 공기를 더 많이 넣어야 합니다.

4 기체에 가하는 압력이 높으면 부피가 작아지고, 압력이 낮아지면 부피는 커집니다. 압력이 높아지면 기체 입자들이 서로 더 가까워져서 움직일 공간이 줄어들고, 압력이 낮아지면 기체 입자들이 서로 멀어져서 움직일 공간이 넓어지기 때문입니다.

5 기체의 부피가 압력에 따라 달라지는 현상은 생활 속에서 다양하게 볼 수 있습니다. 잠수부가 내뿜는 공기 방울은 깊은 물속에 있을 때보다 수면 가까이 올라올 때 더 커집니다. 바다 깊은 곳은 물의 압력이 높아 공기 방울이 작지만, 수면 위로 올라올수록 압력이 낮아져 공기 방울이 커지기 때문입니다. 또 비행기가 하늘 높이 날고 있을 때 비행기 안에 있던 과자 봉지가 부풀어 오르는 것도 높은 곳에서는 공기의 압력이 낮아져서 과자 봉지 속 기체의 부피가 커지기 때문입니다.

57쪽 - 그래픽 조직자

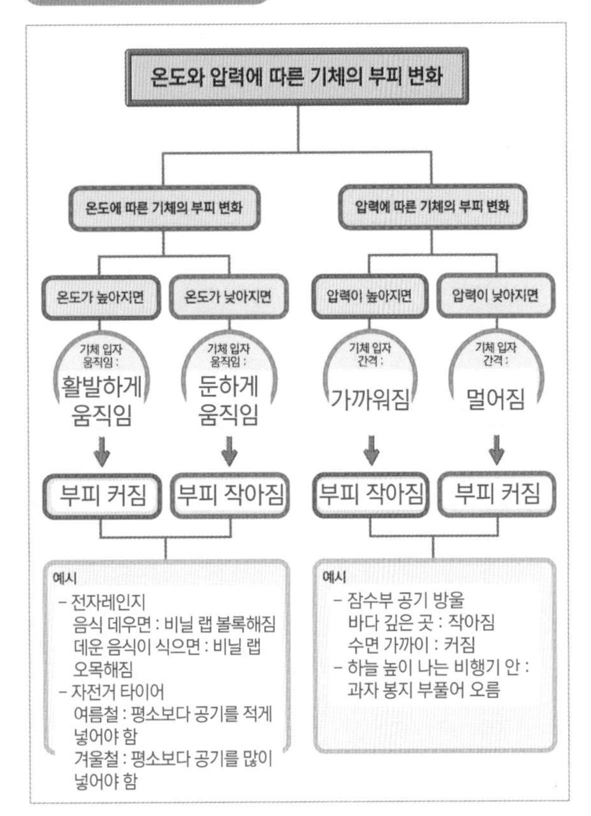

59쪽 - 기억 꺼내기

60쪽 - 어휘 놀이터

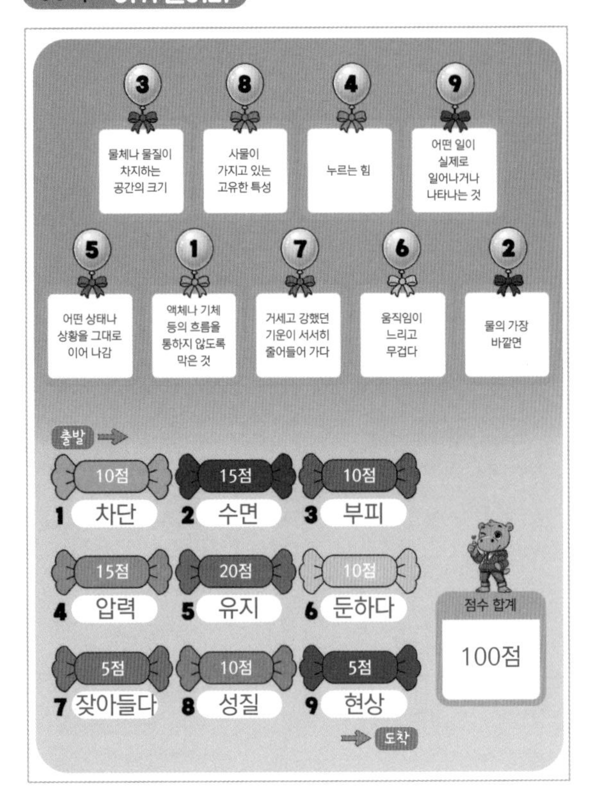

61쪽 - 스스로 생각하기

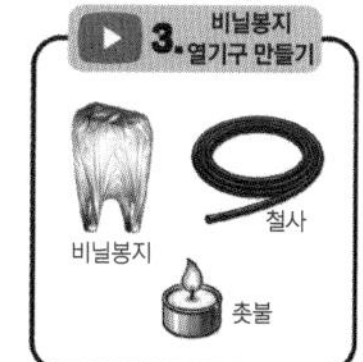

〈간이 소화기 만들기〉 실험 과정 대본
구독자 여러분! 오늘은 간이 소화기 만들기 실험을 하겠습니다!
실험 준비물은 빨대컵, 촛불, 드라이아이스입니다.
실험 방법은
1. 드라이아이스를 빨대컵 안에 넣습니다.
2. 빨대컵을 흔들어 컵 안에 드라이아이스 연기가 꽉 차게 합니다.
3. 빨대 끝부분으로 연기가 흘러나오게 해서 촛불 가까이 가져다 대면 촛불이 꺼집니다.
간이 소화기 만들기 실험 성공!

간이 소화기 만들기 실험은 기체의 성질 중 불이 났을 때 산소의 접근을 차단해 불을 끄는 이산화탄소의 성질을 이용한 실험입니다.

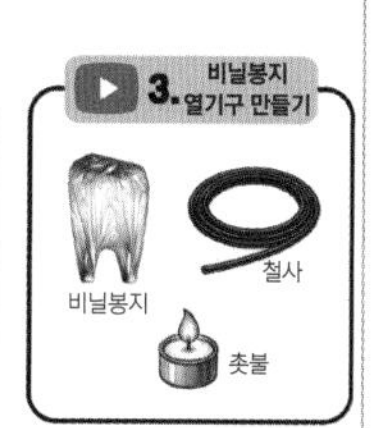

실험 과정 대본 쓰기

〈비닐봉지 열기구 만들기〉 실험 과정 대본
구독자 여러분! 오늘은 비닐봉지 열기구 만들기 실험을 하겠습니다!
실험 준비물은 비닐봉지, 철사, 촛불입니다.
실험 방법은
1. 비닐봉지 입구 둘레를 철사로 고정한 후에 비닐봉지 손잡이 부분도 철사로 연결합니다.
2. 비닐봉지 손잡이를 연결한 철사 가운데 부분에 촛불을 단단하게 고정합니다.
3. 초에 불을 붙이고 비닐봉지가 부풀어 오르면 손을 놓습니다.
비닐봉지 열기구 만들기 실험 성공!

비닐봉지 열기구 만들기 실험은 기체의 성질 중 기체의 온도가 높아지면 부피가 늘어나는 성질을 이용한 실험입니다.

4단원 - 식물의 구조와 기능

01 식물의 뿌리, 줄기, 잎의 구조와 기능은 무엇일까요?

65쪽 - 생각 열기

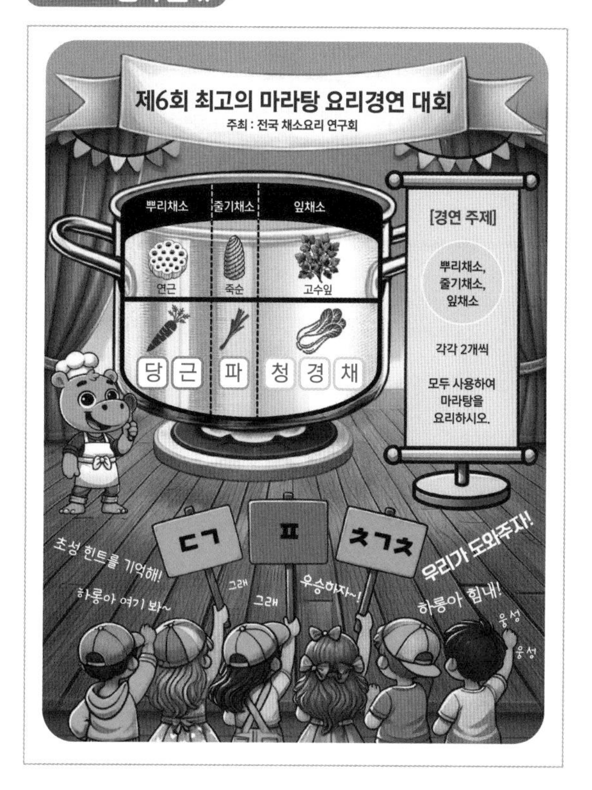

68쪽 - 내용이 쏙쏙

1문단
- 중심어에 ○하기
- 중심 문장에 ___긋기

1 동물과 식물은 아주 작은 세포로 이루어져 있으며, 이 세포들은 크기와 모양이 다양합니다. 대부분 세포는 너무 작아 현미경을 이용하여 관찰할 수 있습니다. 세포는 가운데 핵이 있고, 세포막으로 둘러싸여 있습니다. 식물 세포는 세포막 외에 세포벽이 있지만, 동물 세포에는 세포벽이 없습니다.

2문단
- 중심어에 ○하기
- 제목 붙이기
뿌리의 생김새
뿌리가 하는 일
하기

2 우리 주변의 식물은 뿌리, 줄기, 잎 그리고 꽃과 열매로 이루어져 있고, 각 부분은 하는 일이 모두 다릅니다. 식물의 뿌리는 대부분 땅속에서 자라며, 생김새에 따라 '곧은 뿌리'와 '수염뿌리'로 나뉩니다. 곧은 뿌리는 배추나 해바라기처럼 가운데 굵은 뿌리에서 여러 개의 가는 뿌리가 납니다. 수염뿌리는 파나 옥수수처럼 비슷한 굵기의 뿌리가 수염처럼 나 있습니다. 뿌리는 땅속으로 깊게 뻗어 ①식물이 쓰러지지 않도록 지탱해 주며 ②뿌리털은 물을 잘 흡수하는 데 도움을 줍니다. 또한, 무와 고구마처럼 ③뿌리에 양분을 저장하는 식물도 있습니다.

3문단
- 중심어에 ○하기
- 제목 붙이기
줄기의 생김새
줄기가 하는 일
하기

3 식물의 줄기는 대부분 땅 위로 길게 자라며, 아래쪽은 뿌리와 연결되어 있고 위쪽에는 잎이 붙어 있습니다. 줄기는 주로 소나무처럼 곧게 자라지만, 고구마처럼 땅 위를 기어가듯 뻗거나, 담쟁이덩굴처럼 다른 식물을 감싸며 올라가기도 합니다. 줄기는 안에 있는 통로를 통해 ①뿌리에서 흡수한 물과 잎에서 만든 양분을 식물 전체로 이동시킵니다. ②남은 양분은 감자와 토란처럼 줄기에 저장하기도 합니다. 또 ③줄기의 껍질은 해충이나 세균으로부터 식물을 보호하고, 추위와 더위로부터도 지켜 줍니다.

4문단
- 중심어에 ○하기
- 제목 붙이기
잎의 생김새
잎이 하는 일
하기

4 식물의 잎은 납작한 잎몸이 잎자루와 연결되어 줄기에 붙어 있습니다. 잎몸에는 가는 선인 잎맥이 퍼져 있습니다. 잎은 ①광합성 작용을 하여 스스로 양분을 만들어 냅니다. 이때 뿌리에서 흡수한 물, 공기 중의 이산화탄소, 그리고 햇빛을 이용합니다. 잎에서 만든 양분은 녹말로 저장되었다가 다른 형태로 바뀌어 식물 전체로 이동합니다. 또한 잎은 ②증산작용을 하여, 양분을 만들고 남은 물을 잎 표면으로 내보냅니다. 이때 물은 수증기가 되어 잎 표면에 있는 '기공'을 통해 밖으로 나갑니다. 기공은 물과 공기가 드나드는 작은 구멍으로, 주로 낮에 열리고 밤에 닫힙니다. 잎의 증산작용은 뿌리에서 흡수한 물이 식물 전체로 이동하도록 도와주고, 식물의 수분을 일정하게 유지하여 온도를 조절합니다.

정답

69쪽 - 그래픽 조직자

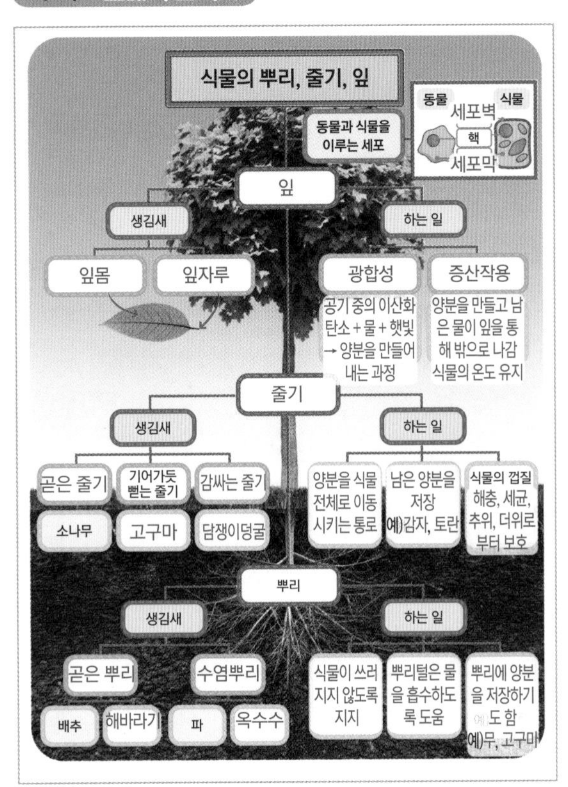

71쪽 - 기억 꺼내기

02 식물의 꽃과 열매의 구조와 기능은 무엇일까요?

73쪽 - 생각 열기

76쪽 - 내용이 쏙쏙

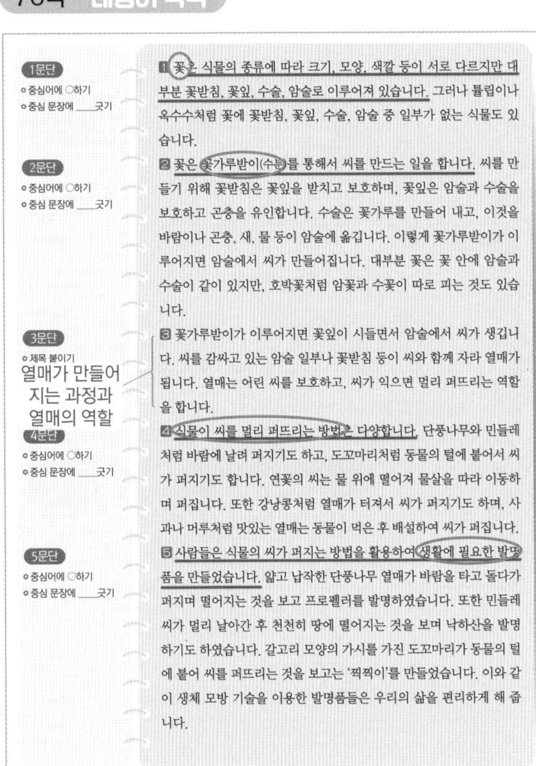
1문단
- 중심어에 ○하기
- 중심 문장에 ___ 긋기

1 꽃은 식물의 종류에 따라 크기, 모양, 색깔 등이 서로 다르지만 대부분 꽃받침, 꽃잎, 수술, 암술로 이루어져 있습니다. 그러나 튤립이나 옥수수처럼 꽃에 꽃받침, 꽃잎, 수술, 암술 중 일부가 없는 식물도 있습니다.

2문단
- 중심어에 ○하기
- 중심 문장에 ___ 긋기

2 꽃은 꽃가루받이(수분)를 통해서 씨를 만드는 일을 합니다. 씨를 만들기 위해 꽃받침은 꽃잎을 받치고 보호하며, 꽃잎은 암술과 수술을 보호하고 곤충을 유인합니다. 수술은 꽃가루를 만들어 내고, 이것을 바람이나 곤충, 새, 물 등이 암술에 옮깁니다. 이렇게 꽃가루받이가 이루어지면 암술에서 씨가 만들어집니다. 대부분 꽃은 꽃 안에 암술과 수술이 같이 있지만, 호박꽃처럼 암꽃과 수꽃이 따로 피는 것도 있습니다.

3문단
- 제목 붙이기
열매가 만들어지는 과정과 열매의 역할

3 꽃가루받이가 이루어지면 꽃잎이 시들면서 암술에서 씨가 생깁니다. 씨를 감싸고 있는 암술 일부나 꽃받침 등이 씨와 함께 자라 열매가 됩니다. 열매는 어린 씨를 보호하고, 씨가 익으면 멀리 퍼뜨리는 역할을 합니다.

4문단
- 중심어에 ○하기
- 중심 문장에 ___ 긋기

4 식물이 씨를 멀리 퍼뜨리는 방법은 다양합니다. 단풍나무와 민들레처럼 바람에 날려 퍼지기도 하고, 도꼬마리처럼 동물의 털에 붙어서 씨가 퍼지기도 합니다. 연꽃의 씨는 물 위에 떨어져 물살을 따라 이동하며 퍼집니다. 또한 강낭콩처럼 열매가 터져서 씨가 퍼지기도 하며, 사과나 머루처럼 맛있는 열매는 동물이 먹은 후 배설하여 씨가 퍼집니다.

5문단
- 중심어에 ○하기
- 중심 문장에 ___ 긋기

5 사람들은 식물의 씨가 퍼지는 방법을 활용하여 생활에 필요한 발명품을 만들었습니다. 얇고 납작한 단풍나무 열매가 바람을 타고 돌다가 퍼지며 떨어지는 것을 보고 프로펠러를 발명하였습니다. 또한 민들레 씨가 멀리 날아간 후 천천히 땅에 떨어지는 것을 보며 낙하산을 발명하기도 하였습니다. 갈고리 모양의 가시를 가진 도꼬마리가 동물의 털에 붙어 씨를 퍼뜨리는 것을 보고는 '찍찍이'를 만들었습니다. 이와 같이 생체 모방 기술을 이용한 발명품들은 우리의 삶을 편리하게 해 줍니다.

77쪽 - 그래픽 조직자

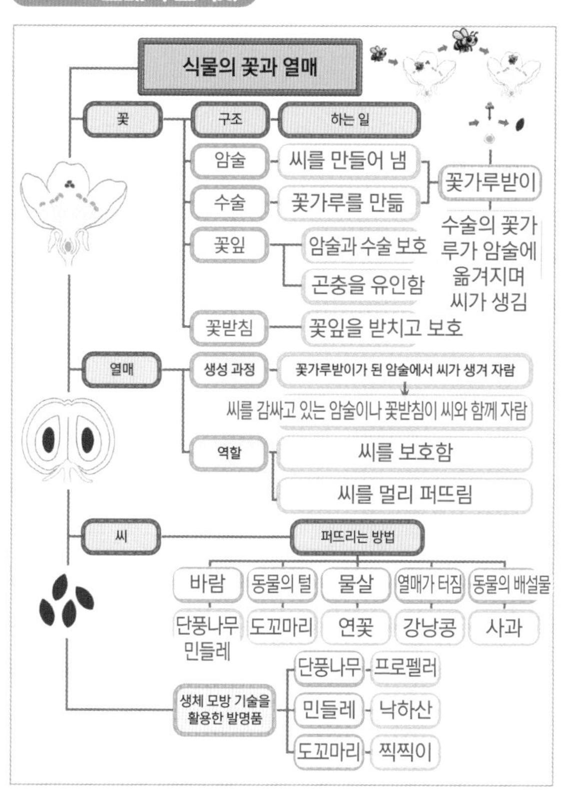

79쪽 - 기억 꺼내기

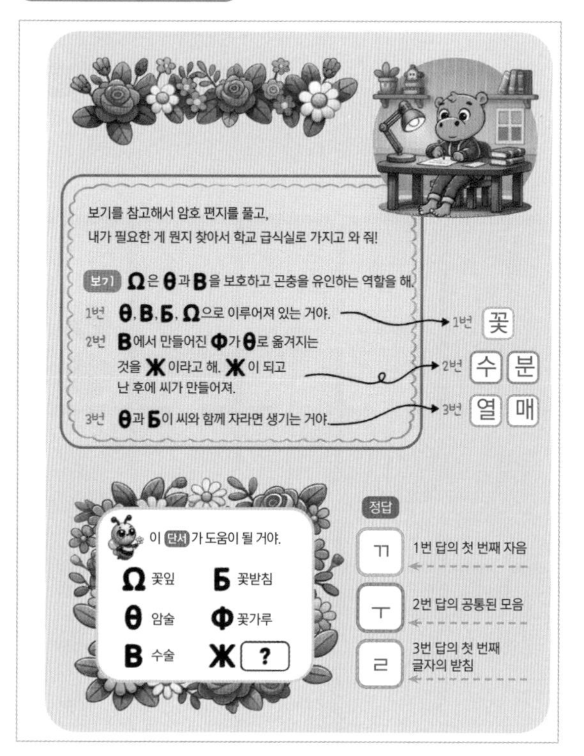

80쪽 - 어휘 놀이터

81쪽 - 스스로 생각하기

정답

5단원 - 빛과 렌즈

01 프리즘을 통과한 햇빛의 특징과 빛의 굴절에 대해 알아볼까요?

85쪽 - 생각 열기

88쪽 - 내용이 쏙쏙

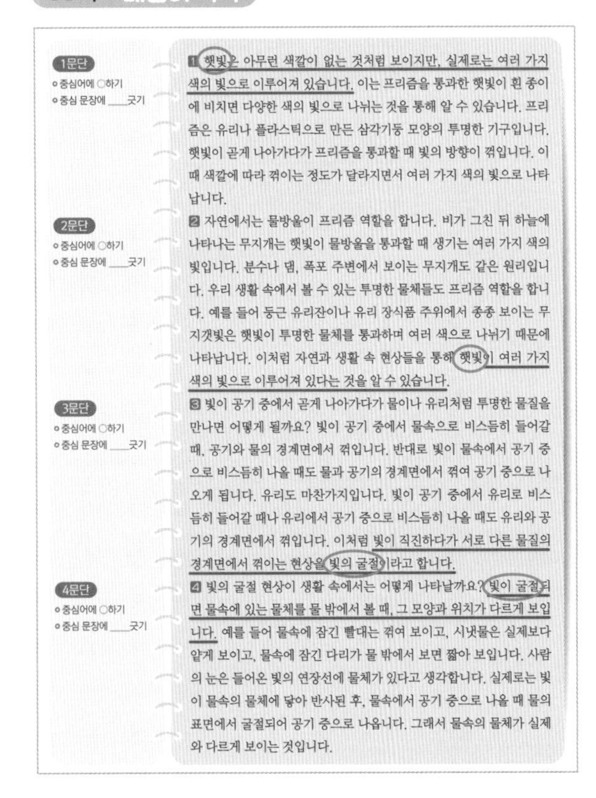

1문단
- 중심어에 ○하기
- 중심 문장에 ___긋기

1 햇빛은 아무런 색깔이 없는 것처럼 보이지만, 실제로는 여러 가지 색의 빛으로 이루어져 있습니다. 이는 프리즘을 통과한 햇빛이 흰 종이에 비치면 다양한 색의 빛으로 나뉘는 것을 통해 알 수 있습니다. 프리즘은 유리나 플라스틱으로 만든 삼각기둥 모양의 투명한 기구입니다. 햇빛이 곧게 나아가다가 프리즘을 통과할 때 빛의 방향이 꺾입니다. 이때 색깔에 따라 꺾이는 정도가 달라지면서 여러 가지 색의 빛으로 나타납니다.

2문단
- 중심어에 ○하기
- 중심 문장에 ___긋기

2 자연에서는 물방울이 프리즘 역할을 합니다. 비가 그친 뒤 하늘에 나타나는 무지개는 햇빛이 물방울을 통과할 때 생기는 여러 가지 색의 빛입니다. 분수나 댐, 폭포 주변에서 보이는 무지개도 같은 원리입니다. 우리 생활 속에서 볼 수 있는 투명한 물체들도 프리즘 역할을 합니다. 예를 들어 둥근 유리잔이나 유리 장식품 주위에서 종종 보이는 무지갯빛은 햇빛이 투명한 물체를 통과하며 여러 색으로 나뉘기 때문에 나타납니다. 이처럼 자연과 생활 속 현상들을 통해 햇빛이 여러 가지 색의 빛으로 이루어져 있다는 것을 알 수 있습니다.

3문단
- 중심어에 ○하기
- 중심 문장에 ___긋기

3 빛이 공기 중에서 곧게 나아가다가 물이나 유리처럼 투명한 물질을 만나면 어떻게 될까요? 빛이 공기 중에서 물속으로 비스듬히 들어갈 때, 공기와 물의 경계면에서 꺾입니다. 반대로 빛이 물속에서 공기 중으로 비스듬히 나올 때도 물과 공기의 경계면에서 꺾여 공기 중으로 나오게 됩니다. 유리도 마찬가지입니다. 빛이 공기 중에서 유리로 비스듬히 들어갈 때나 유리에서 공기 중으로 비스듬히 나올 때도 유리와 공기의 경계면에서 꺾입니다. 이처럼 빛이 직진하다가 서로 다른 물질의 경계면에서 꺾이는 현상을 빛의 굴절이라고 합니다.

4문단
- 중심어에 ○하기
- 중심 문장에 ___긋기

4 빛의 굴절 현상이 생활 속에서는 어떻게 나타날까요? 빛이 굴절되면 물속에 있는 물체를 물 밖에서 볼 때, 그 모양과 위치가 다르게 보입니다. 예를 들어 물속에 잠긴 빨대는 꺾여 보이고, 시냇물은 실제보다 얕게 보이고, 물속에 잠긴 다리가 물 밖에서 보면 짧아 보입니다. 사람의 눈은 들어온 빛의 연장선에 물체가 있다고 생각합니다. 실제로는 빛이 물속의 물체에 닿아 반사된 후, 물속에서 공기 중으로 나올 때 물의 표면에서 굴절되어 공기 중으로 나옵니다. 그래서 물속의 물체가 실제와 다르게 보이는 것입니다.

89쪽 - 그래픽 조직자

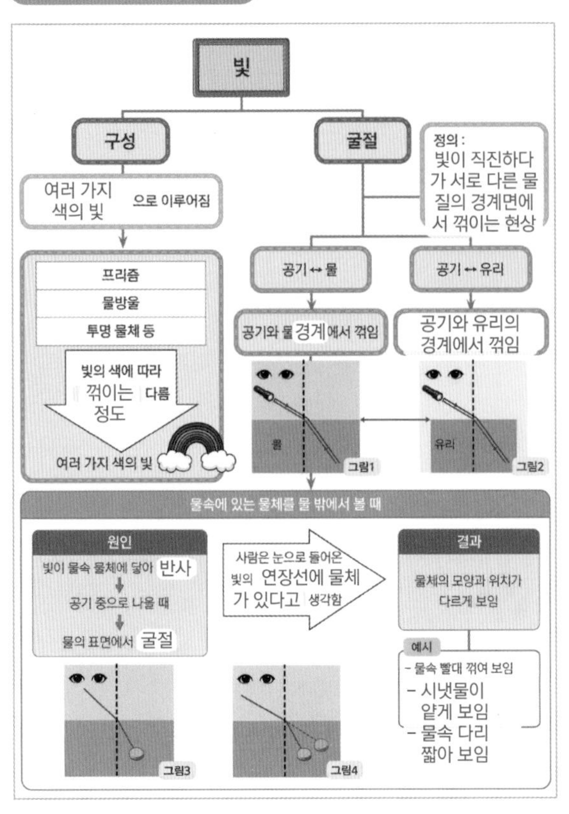

91쪽 - 기억 꺼내기

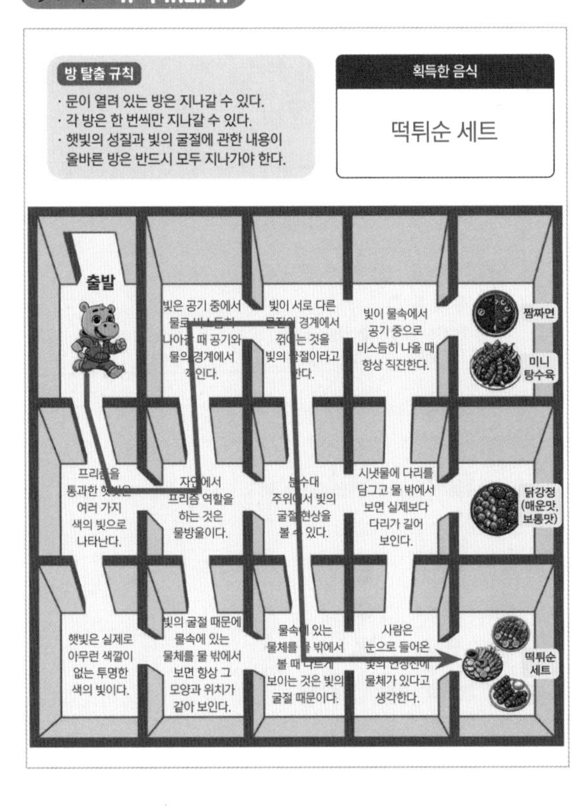

02 볼록 렌즈의 특징과 생활 속 활용에 대해 알아볼까요?

93쪽 - 생각 열기

96쪽 - 내용이 쏙쏙

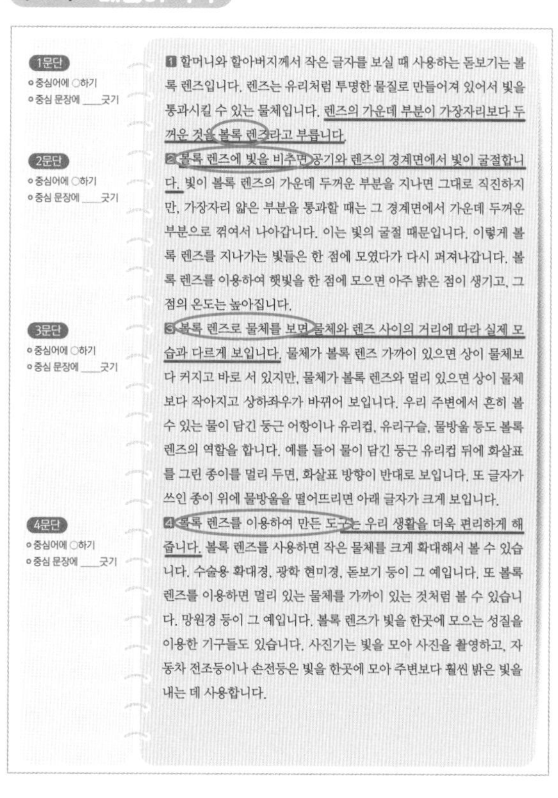

1문단
∘중심어에 ○하기
∘중심 문장에 ___긋기

1 할머니와 할아버지께서 작은 글자를 보실 때 사용하는 돋보기는 볼록 렌즈입니다. 렌즈는 유리처럼 투명한 물질로 만들어져 있어서 빛을 통과시킬 수 있는 물체입니다. 렌즈의 가운데 부분이 가장자리보다 두꺼운 것을 볼록 렌즈라고 부릅니다.

2문단
∘중심어에 ○하기
∘중심 문장에 ___긋기

2 볼록 렌즈에 빛을 비추면 공기와 렌즈의 경계면에서 빛이 굴절합니다. 빛이 볼록 렌즈의 가운데 두꺼운 부분을 지나면 그대로 직진하지만, 가장자리 얇은 부분을 통과할 때는 그 경계면에서 가운데 두꺼운 부분으로 꺾여서 나아갑니다. 이는 빛의 굴절 때문입니다. 이렇게 볼록 렌즈를 지나가는 빛들은 한 점에 모였다가 다시 퍼져나갑니다. 볼록 렌즈를 이용하여 햇빛을 한 점에 모으면 아주 밝은 점이 생기고, 그 점의 온도는 높아집니다.

3문단
∘중심어에 ○하기
∘중심 문장에 ___긋기

3 볼록 렌즈로 물체를 보면 물체와 렌즈 사이의 거리에 따라 실제 모습과 다르게 보입니다. 물체가 볼록 렌즈 가까이 있으면 상이 물체보다 커지고 바로 서 있지만, 물체가 볼록 렌즈와 멀리 있으면 상이 물체보다 작아지고 상하좌우가 바뀌어 보입니다. 우리 주변에서 흔히 볼 수 있는 물이 담긴 둥근 어항이나 유리컵, 유리구슬, 물방울 등도 볼록 렌즈의 역할을 합니다. 예를 들어 물이 담긴 둥근 유리컵 뒤에 화살표를 그린 종이를 멀리 두면, 화살표 방향이 반대로 보입니다. 또 글자가 쓰인 종이 위에 물방울을 떨어뜨리면 아래 글자가 크게 보입니다.

4문단
∘중심어에 ○하기
∘중심 문장에 ___긋기

4 볼록 렌즈를 이용하여 만든 도구는 우리 생활을 더욱 편리하게 해 줍니다. 볼록 렌즈를 사용하면 작은 물체를 크게 확대해서 볼 수 있습니다. 수술용 확대경, 광학 현미경, 돋보기 등이 그 예입니다. 또 볼록 렌즈를 이용하면 멀리 있는 물체를 가까이 있는 것처럼 볼 수 있습니다. 망원경 등이 그 예입니다. 볼록 렌즈가 빛을 한곳에 모으는 성질을 이용한 기구들도 있습니다. 사진기는 빛을 모아 사진을 촬영하고, 자동차 전조등이나 손전등은 빛을 한곳에 모아 주변보다 훨씬 밝은 빛을 내는 데 사용합니다.

97쪽 - 그래픽 조직자

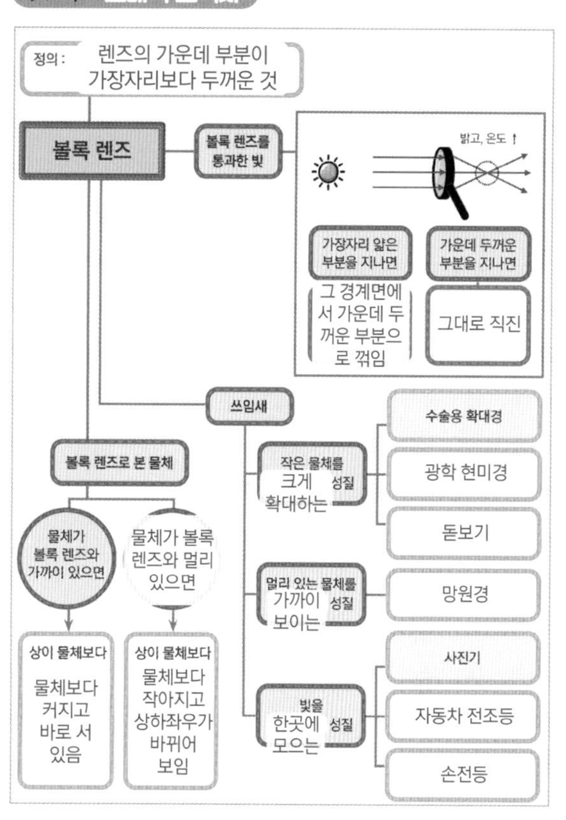

99쪽 - 기억 꺼내기

100쪽 - 어휘 놀이터

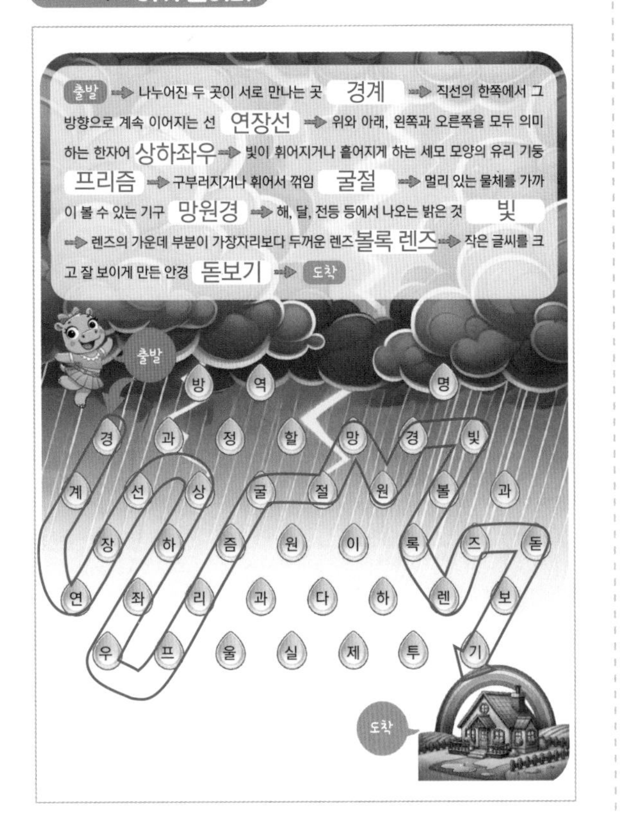

101쪽 - 스스로 생각하기